高职高专物联网应用技术专业"十三五"系列教材

嵌入式系统基础项目化教程

主　编　徐明亮

副主编　张爱良　任靖福　廖忠智

西安电子科技大学出版社

内 容 简 介

本书以飞思卡尔半导体公司 8 位 S08 系列中的 MC9S08AW60 微控制器为背景，选择 MC9S08AW60 最小系统、GPIO 模块、KBI 模块、SCI 模块、TPM 模块、A/D 转换模块、Flash 模块，以及嵌入式系统开发所需的软硬件平台和常用人机接口模块为主要教学内容，并按照基于工作过程项目化教学思路将其组织为初识嵌入式系统、嵌入式系统 C 语言知识要点、AW60 及其最小系统、AW60 软件开发平台、流水灯设计、多位数码管显示、液晶显示、键盘输入、AW60 与 PC 串行通信、简易秒表设计、按键抖动捕捉、LED 呼吸灯、AW60 工作温度监测、Flash 与 RAM 存储特性演示共 14 个项目。

对于本书中 MC9S08AW60 未涉及的模块在附录中都给出了简要介绍。

本书所有项目源程序可从西安电子科技大学出版社网站(www.xduph.com)下载或联系 QQ:1658283439 索取。

本书可作为高职高专院校机电设备类、自动化类、电子信息类及计算机应用类专业的嵌入式技术类课程教材，也可以作为职工大学、函授大学、中职学校的参考教材及嵌入式系统应用开发人员的参考工具书和爱好者的辅助读物。

图书在版编目(CIP)数据

嵌入式系统基础项目化教程/徐明亮主编. —西安：西安电子科技大学出版社，2017.5
高职高专物联网应用技术专业"十三五"系列教材
ISBN 978-7-5606-4465-3

Ⅰ. ① 嵌… Ⅱ. ① 徐… Ⅲ. ① 微型计算机—系列设计—教材 Ⅳ. ① TP360.21

中国版本图书馆 CIP 数据核字(2017)第 081306 号

策　　划　陈　婷
责任编辑　韩伟娜　陈　婷
出版发行　西安电子科技大学出版社(西安市太白南路 2 号)
电　　话　(029)88242885　88201467　　　邮　编　710071
网　　址　www.xduph.com　　　　电子邮箱　xdupfxb001@163.com
经　　销　新华书店
印刷单位　陕西利达印务有限责任公司
版　　次　2017 年 5 月第 1 版　　2017 年 5 月第 1 次印刷
开　　本　787 毫米×1092 毫米　1/16　印　张　14
字　　数　328 千字
印　　数　1～3000 册
定　　价　27.00 元

ISBN 978-7-5606-4465-3/TP

XDUP 4757001-1

前　言

作为计算机系统一个重要的分支，嵌入式系统已在工业控制、汽车电子、测控系统、数据采集、家用电器、个人消费电子等领域获得广泛使用；嵌入式系统的相关课程在专科、本科机电设备类、自动化类、电子信息类及计算机应用类专业课程中也占有重要地位。

在嵌入式系统中，作为核心的微控制器种类众多，目前主流微控制器有 8 位、16 位、32 位。此外，随着芯片集成度的不断提高，微控制器内部资源越来越丰富，功能也越来越多。为了更好地利用这些内部资源，充分使用微控制器的众多功能模块，嵌入式系统的软件也由单任务处理发展到多任务处理，随之而来的是嵌入式操作系统的引入和使用，因此嵌入式系统的开发和学习所需的背景知识也愈加广泛，难度大幅度提高。

按照循序渐进的原则，学习嵌入式系统相关课程应以 8 位微控制器、单任务处理为起点。在 8 位微控制器中，英特尔公司的 MCS-51 系列微控制器进入我国的时间早，应用最为广泛，众多高职高专院校嵌入式系统课程都以 51 系列微控制器为基础。随着嵌入式系统应用范围的不断拓展，众多公司也相继推出了自己的产品。这其中就包括飞思卡尔 S08 系列 8 位单片机，由于可靠性高，抗干扰性能强，因而在工业控制中得到了大量应用。现在越来越多的学校选择 S08 系列 8 位单片机作为嵌入式系统教学的入门首选芯片。为适应这一需要，编者结合本校和兄弟院校近几年的教学实践，针对学生学习实际，根据工作过程的项目化教学方法和软硬件模块化的设计思想编写了本书。按照项目内容与要求→项目背景知识→项目硬件设计→项目软件设计这一思路，本书介绍了飞思卡尔 MC9S08AW60 部分常用功能模块的特性、功能和软件设计方法，力争让读者在应用中学习，在学习中应用。

本书具有以下特色：

(1) 根据教学实践经验将 MC9S08AW60 大部分功能模块和嵌入式系统软件开发必备知识组织为 14 个项目，将知识和技能融于项目。通过项目中软硬件的设计和实现，以循序渐进的方式进行学习，使学生的能力在项目的实施中逐步得到提高，达到"学以致用"的目的。

(2) 项目硬件设计尽可能简化，突出项目所涉及的功能模块相关知识和技能的学习及应用，同时降低学习难度和学习成本。

(3) 以硬件模块为基础进行软件模块化设计，便于代码重用。后续项目尽可能地包含前面设计中所使用的硬件模块和软件模块，进而加快开发进度。

(4) 有些项目设计用于验证相关知识点，通过这些项目的学习，学生不仅可以掌握芯片相关模块功能的使用方法，还能加深对相关知识点的理解。

(5) 提供完整的参考代码，这些代码都经过实际测试，可在项目开发中使用。

全书共 14 个项目：项目 1 为初识嵌入式系统，让学生理解和掌握嵌入式系统相关概念与开发特点；项目 2 为嵌入式系统 C 语言知识要点，介绍 C 语言程序设计的基本知识；项目 3 为 AW60 及其最小系统，介绍最小系统概念及其结构，为后续项目硬件设计做准备；项目 4 为 AW60 软件开发平台，介绍 CodeWarrior 中项目建立流程和基本调试方法；项目 5

为流水灯设计，除介绍 GPIO 口的配置和使用外，还给出开发平台 CodeWarrior 创建实际软件项目过程，引出最小系统模块所对应的芯片初始化软件模块的使用及软件重用方法；项目 6 为多位数码管显示，介绍动态显示软件设计方法；项目 7 为液晶显示，介绍外接带有寄存器功能模块的使用方法，初步建立起时序的概念；项目 8 为键盘输入，让学生掌握 AW60 键盘输入模块和中断编程特点；项目 9 为 AW60 与 PC 串行通信，让学生掌握串行通信模块的使用，能综合应用查询法和中断法进行软件设计；项目 10 为简易秒表设计，介绍定时器模块应用；项目 11 为按键抖动捕捉，介绍输入捕捉并回顾键盘消抖处理的必要性；项目 12 为 LED 呼吸灯，介绍 PWM 模块；项目 13 为 AW60 工作温度监测，涉及 A/D 转换模块及线性插值方法；项目 14 为 Flash 与 RAM 存储特性演示，介绍 Flash 在线写入方法并比较其与 RAM 的存储特性。

附录 A 中给出了常用 ASCII 表。附录 B 中对 AW60 中其他未涉及的模块给出了简要介绍。附录 C 给出了 S08 的 C 语言函数库，以备学习时查找。

本书所有实例源程序可向西安电子科技大学出版社或作者(QQ:1658283439)索取，相关硬件的了解可与苏州大学飞思卡尔嵌入式系统研发中心联系。

本书除封面署名作者外，李晓娓老师还协助进行了项目 1 至项目 4 的编辑整理工作，本书编写过程中得到苏州大学王宜怀教授的帮助和指导，在此表示诚挚的谢意。

由于作者水平有限，加上时间有限，书中难免存在不足之处，恳请读者提出宝贵意见和建议，以便改进。

作　者
2017 年 1 月于江苏无锡

目　　录

项目 1　初识嵌入式系统

1.1　项目内容与要求

(1) 了解嵌入式系统定义、发展进程。

(2) 了解嵌入式系统微处理器特点。

(3) 了解嵌入式系统相关术语。

1.2　项目背景知识

1.2.1　嵌入式系统定义

嵌入式系统(Embedded System)的定义众多。目前国内普遍认同的定义是：嵌入式系统是以应用为中心，以计算机技术为基础，并且软硬件可裁减，适用于应用系统，对功能、可靠性、成本、体积、功耗有严格要求的专用计算机系统。它一般由嵌入式微处理器、外围硬件设备、嵌入式操作系统以及用户的应用程序四个部分组成，用于实现对其他设备的控制、监视或管理等目标。

1.2.2　嵌入式系统的发展与现状

1960 年，在通信系统上，首次采用存储式程序控制系统(Stored Program Control)对电子机械电话交换进行控制，这种控制系统就是嵌入式系统的雏形。嵌入式系统的概念是在 1970 年左右出现的，当时大部分软件设计都是由汇编语言完成的，而且这些汇编程序只能用于某一种固定的微处理器，因此嵌入式系统的发展和应用受到了一定的约束。

随着集成电路技术的发展，嵌入式系统的体系结构经历了由 CISC(复杂指令集计算机)到 RISC(精减指令集计算机)和 Compact RISC 的转变。在处理字长上由 4 位发展到 8 位、16 位、32 位、64 位；寻址范围不断扩大，从 64 KB 发展到 16 MB，直至 4 GB；指令执行速度也由最初的 0.1 MIPS 提高到 2000 MIPS。在巨大需求的推动下，Motorola、ARM、MIPS、TI、Hitachi 等公司推出了各类芯片，性能也不断提高。

嵌入式系统的核心是处理器，主要有嵌入式微处理器(EMPU，Embedded MicroProcessor Unit)、嵌入式 DSP 处理器(EDSP，Embedded Digital Signal Processor)、嵌入式片上系统(ESoC，EmbeddedSystem on Chip)、嵌入式微控制器(EMCU，Embedded、System-MicroController Unit)等几种类型。

EDSP 以通用计算机 CPU 为基础。在应用中，将微处理器装配在专门设计的电路板上，只保留和嵌入式应用有关的母板功能，以大幅度减小系统体积和功耗。

EDSP 对系统结构和指令进行了特殊设计，使其适合于执行 DSP 算法，指令执行速度较高。ESoC 是一个硅片上集成的一个更为复杂的系统，除个别无法集成的器件以外，整个系统大部分均集成到一块或几块芯片中，应用系统电路板变得很简洁，对于减小体积和功耗、提高可靠性非常有利。

EMCU 又称单片机，顾名思义，就是将整个计算机系统集成到一块芯片中，一般简称MCU。MCU 一般以某种微处理器内核为核心，芯片内部集成 ROM/EPROM、RAM、总线、总线逻辑、定时计数器、Watchdog、I/O、串口、脉宽调制输出、A/D、D/A、Flash ROM、EEPROM、LAN 控制器等各种必要的功能模块和外设。嵌入式微控制器目前的品种和数量最多，占嵌入式系统约 70％的市场份额。为适应不同的应用需求，一般一个系列的单片机具有多种衍生产品，每种衍生产品的处理器内核都是一样的，不同的是存储器和外设的配置及封装。这样可以使单片机在功能不变的基础上最大限度地和应用需求相匹配，从而减少功耗和成本。和嵌入式微处理器相比，微控制器的最大特点是单片化，体积大大减小，功耗和成本下降，可靠性提高。微控制器是目前嵌入式系统工业的主流，微控制器的片上外设资源一般比较丰富，适合控制其他设备，因此称为微控制器。

可以预见的是，嵌入式系统将朝着以下趋势发展：

(1) 系统化。各个厂家在推出相关产品的同时，与之配套的支撑系统也将不断完善和发展，系统开发将会越来越便利。例如，三星推出 ARM7、ARM9 芯片的同时提供了与之配套的开发板和版本支持包(BSP)。微软在不断完善 Window CE 嵌入式操作系统的同时还提供 Embedded VC++ 开发工具。

(2) 微控制器功能越来越强大。随着微电子技术的进步，微控制器将朝着高集成度、多核、运行速度更快的方向发展，例如恩智浦公司推出的 8 核 P4080 微控制器。

(3) 网络化。随着 Internet 的飞速发展，Internet 技术与信息家电、工业控制技术和射频通信等技术日益密切的结合以及嵌入式系统与 Internet 的结合将推动物联网技术的发展。

1.2.3 嵌入式系统的特点

嵌入式系统通常是面向用户、面向产品、面向特定应用的。嵌入式 CPU 与通用型 CPU的最大不同就是嵌入式 CPU 大多工作在为特定用户群设计的系统中，通常都具有功耗低、体积小、集成度高等特点，并且能够把通用 CPU 中许多由板卡完成的功能集成在芯片内部，从而有利于嵌入式系统小型化。

嵌入式系统是先进的计算机技术、半导体技术和电子技术与各个行业的具体应用相结合的产物。嵌入式系统开发涉及知识领域较广，不仅需要软硬件方面的知识，还需要应用领域的相关知识。在系统规模较大时还需要掌握团队分工和软硬件协同设计、协同测试等方面的知识和开发文档编写的规范。这就决定了它必然是一个技术密集、资金密集、高度分散、不断创新的知识集成系统。

嵌入式系统的硬件和软件都必须高效率地设计，去除冗余，力争在同样的硅片面积上实现更高的性能。这样才能在具体应用中更具有竞争力。

嵌入式系统和具体应用有机地结合在一起，它的升级换代也和具体产品同步进行，因此嵌入式系统产品一旦进入市场，就具有较长的生命周期。

为了提高执行速度和系统可靠性，嵌入式系统中的软件一般都固化在存储器芯片或单片机中，而不是存储于磁盘等载体中。由于嵌入式系统的运算速度和存储容量仍然存在一定程度的限制，同时大部分嵌入式系统必须具有较高的实时性，因此对程序的质量，特别是可靠性，有着较高的要求。

嵌入式系统本身不具备自主开发能力，即使设计完成以后用户通常也不能对其中的程序功能进行修改，必须有一套开发工具和环境才能对其进行开发。嵌入式系统开发包括硬件设计和软件设计。其中软件较为特殊，由于目标机资源空间限制无法运行软件设计时需要的开发平台，所以软件设计是以通用计算机为平台进行的。一般将软件开发用的通用计算机称为主机，主机上运行嵌入式系统软件开发平台，开发出的嵌入式软件一般无法在主机上直接运行，而是在嵌入式系统硬件(一般将其称为目标机)上运行。由于需要将主机上的代码下载到目标机，因此还需要相关的软硬件支持，有的还需要代码在线调试功能，这些也需要额外的软硬件支持。目前的开发工具平台主要分为以下几类：

(1) 实时在线仿真系统 ICE。

(2) 高级语言编译器源。

(3) 程序模拟器(Simulator)。

(4) 实时多任务操作系统 RTOS。

其中，RTOS 是嵌入式系统的软件开发平台，它的引入解决了随着嵌入式系统中软件比重不断上升、应用程序越来越大而带来的嵌入式软件开发标准化的难题。

1.2.4　嵌入式系统的应用领域

嵌入式系统技术具有非常广阔的应用前景，其应用领域如下：

(1) 工业控制。

(2) 交通运输。

(3) 信息家电。

(4) POS 网络和电子商务。

(5) 环境监测。

(6) 机器人。

1.2.5　嵌入式系统的开发流程

嵌入式系统开发的一般流程主要包括系统需求分析(要求有严格规范的技术要求)、体系结构设计、软硬件协同设计、系统集成和系统测试，最后得到最终产品。

1. 系统需求分析

系统需求分析是指确定设计任务和设计目标，提炼出设计规格说明书，作为正式设计的指导和验收的标准。系统的需求一般分功能性需求和非功能性需求两方面。功能性需求是系统的基本功能，如输入/输出信号、操作方式等；非功能性需求则是对系统性能、成本、功耗、体积、重量等的要求。

2．体系结构设计

体系结构设计是指描述系统如何实现所述的功能和非功能的需求，包括对硬件、软件和执行装置的功能划分，以及系统的软件、硬件选型等。一个好的体系结构是设计成功与否的关键。

3．软硬件协同设计

软硬件协同设计是指基于体系结构，对系统的软件、硬件进行详细设计。为了缩短产品开发周期，设计往往是并行的。嵌入式系统的设计工作大部分都集中在软件设计上，面向对象技术、软件组件技术、模块化设计是现代软件工程经常采用的方法。

4．系统集成

系统集成是指把系统的软件、硬件和执行装置集成在一起，进行调试，发现并改进单元设计过程中的错误。

5．系统测试

系统测试是指对设计好的系统进行测试,看其是否满足规格说明书中给定的功能要求。

习　　题

1. 简述嵌入式系统中的 MCU 与通用计算机的 CPU 的异同。
2. 嵌入式系统开发有何特点？
3. 简述嵌入式系统开发的主要流程。

项目 2　嵌入式系统 C 语言知识要点

2.1　项目内容与要求

(1) 了解嵌入式系统定义、发展进程及特点。

(2) 了解嵌入式系统相关术语。

(3) 熟悉嵌入式系统开发常用 C 语言语法概要。

2.2　嵌入式系统 C 语言数据类型

数据类型本质上是规定数据在内存中占据多少个字节。嵌入式系统 C 语言的数据类型有基本类型和构造类型两大类。

2.2.1　基本数据类型

嵌入式系统 C 语言的基本数据类型有：

(1) signed char，有符号字节型，位长为 8 位，字节数为 1，数据范围为 $-128\sim+127$。

(2) unsigned char，无符号字节型，位长为 8 位，字节数为 1，数据范围为 $0\sim255$。

(3) signed short，有符号短整型，位长为 16 位，字节数为 2，数据范围为 $-32768\sim+32767$。

(4) unsigned short，无符号短整型，位长为 16 位，字节数为 2，数据范围为 $0\sim65535$。

(5) signed int，有符号短整型，位长为 16 位，字节数为 2，数据范围为 $-32768\sim+32767$。

(6) unsigned int，无符号短整型，位长为 16 位，字节数为 2，数据范围为 $0\sim65535$。

(7) signed long，有符号长整型，位长为 32 位，字节数为 4，数据范围为 $-2147483648\sim+2147483647$。

(8) unsigned long，无符号长整型，位长为 32 位，字节数为 4，数据范围为 $0\sim4294967295$。

(9) float，浮点型，位长为 32 位，字节数为 4，数据范围为约为 $-3.4\times10^{-38}\sim+3.4\times10^{+38}$。

(10) double，双精度型，位长为 64 位，字节数为 8，数据范围约为 $-1.7\times10^{-308}\sim+1.7\times10^{+308}$。

2.2.2　构造类型

1. 数组

1) 数组的定义

数组的定义格式如下:

类型说明符　数组名　[常量表达式 1][常量表达式 2]…[常量表达式 n];

其中,类型说明符是任一种基本数据类型或构造数据类型。数组名是用户定义的数组标识符。方括号中的常量表达式表示每一维中数据元素的个数,一维数组中也称为数组的长度。

2) 数组的初始化

数组可以在定义的时候初始化。

```
int array[5]={1,2,3,4,5};
```

在定义数组时,可以用放在一对大括号中的初始化表对其进行初始化。初始化值的个数可以和数组元素个数一样多。如果初始化的个数多于元素个数,将产生编译错误;如果少于元素个数,后续的元素被初始化为 0。

如果维数表达式为空,那么将用初始化值的个数来隐式地指定数组元素的个数。

[例]

```
int array[]={1,2,3,4,5};
```

不过在编程时,一般不建议这么编写。

3) 数组元素访问

数组元素的访问一般都是通过下标。

【例】

```
int a;a=arry[0];
```

则 a 的值为数组 arry 的第一个元素。

需要注意的是,数组的第一个元素下标从0开始,在赋值的时候,还可以使用变量作为数组下标。

4) 字符数组

用来存放字符量的数组称为字符数组。其定义的一般形式是:

char　数组名[字符长度]

【例】

```
char array[5]={'H','E','L','L','O'};
```

对于单个字符,必须要用单引号括起来。由于字符和整型是等价的,所以上面的字符型数组也可以这样表示:char array[5]={72,69,76,76,79}; /*用对应的 ASCII 码*/

但是字符型数组和整型数组也有不同的地方。

【例】

```
char array[]= "HELLO";
```

该变量实际上在内存中的存储情况为:

```
char array[]={'H','E','L','L','O','\0'};
```

上面最后一个字符\0是一个字符常量,字符型数组的最后自动加上一个\0,作为字符的结束标志。所以虽然"HELLO"只有 5 个字符，而存入到数组的字符个数却是 6 个，但是，数组的长度仍然是 5。

2. 结构体

结构体是一种构造类型，它是由若干"成员"组成。每一个成员可以是一个基本数据类型或者是一个构造类型。既然结构体是一种"构造"而成的数据类型，那么在说明和使用之前就必须先定义。

1) 结构的定义

定义一个结构的一般形式为：

```
struct 结构名
{
    类型说明符 变量名1;
    类型说明符 变量名2;
    …
};
```

如：

```
struct student
{
    char name[8];
    int age;
    char sex[2];
    char depart[20];
    float wage1, wage2;
}wang;
```

上面定义了一个结构名为 student 的结构变量 wang，如果省略变量名 wang，则该定义是对结构的说明。用已说明的结构名也可定义结构变量，如 struct student ding;

2) 结构体访问

依据结构体变量类型的不同，对于结构体成员一般有两种访问方式，一种为直接访问，一种为间接访问。直接访问应用于普通的结构体变量，间接访问应用于指向结构体变量的指针。直接访问使用"结构体变量名.成员名"，间接访问使用"(*结构体指针名).成员名"或者使用"结构体指针名->成员名"。

3. 联合

共用体(Union)也叫"联合"，表示几个变量共用一个内存位置，在不同的时间保存不同的数据类型和不同长度的变量。在 union 中，所有的共用体成员共用一个空间，并且同一时间只能储存其中一个成员变量的值。换句话说，这个内存内容可以按照不同的形式进行访问。

共用体的声明和共用体变量定义都使用关键字 union，其形式与结构体十分相似。具体为：

```
union共用体名
```

```
    {
        数据类型  成员名;
        数据类型  成员名;
        ...
    } 变量名;
```

访问共用体成员的方法与结构体相同，即采用"."号和"->"访问。同样普通共用体变量用"."访问成员变量，指向共用体体变量的指针用"->"访问成员变量。

4. 枚举类型

在程序设计中，有时会用到由若干个有限数据元素组成的集合，如三种颜色红、黄、绿组成的集合，反映到程序中即为某个变量取值为有限可列。此时，可将这些有限可列的数据集合定义为枚举类型。

1) 枚举类型变量定义

定义枚举类型变量有三种方法，即：先定义类型后定义变量，定义类型的同时定义变量，直接定义变量 C 结构与联合体也有类似的定义方法，现介绍如下：

(1) 先定义类型后定义变量

　　enum <枚举类型名>{<枚举元素表>};

格式：<枚举类型名> <变量 1>〔，<变量 2>，…，<变量 n>〕;

例如：enum colors

{red=5,blue=1,green,black,white,yellow};

colors c1,c2;

c1、c2 为colors类型的枚举变量。

(2) 定义类型的同时定义变量。

格式：enum <枚举类型名>

{<枚举元素表>} <变量1>〔，<变量2>，…，<变量n>〕;

例如：enum colors

{red=5,blue=1,green,black,white,yellow}c1,c2;

(3) 直接定义枚举变量。

格式：enum

{<枚举元素表>} <变量1>〔，<变量2>，…，<变量n>〕;

例如：enum

{red=5,blue=1,green,black,white,yellow} c1=red,c2=blue;

由上例可以看出，定义枚举变量时，可对变量进行初始化赋值，c1的初始值为red，c2的初始值为blue。

　　enum <枚举类型名>

{<枚举元素表>};

其中，关键词enum表示定义的是枚举类型，枚举类型名由标识符组成，而枚举元素表由枚举元素或枚举常量组成。例如：

enum weekdays

　　　　　　{ Sun,Mon,Tue,Wed,Thu,Fri,Sat };

　　这样就定义了一个名为 weekdays的枚举类型，它包含七个元素：Sun、Mon、Tue、Wed、Thu、Fri、Sat。编译器在编译程序时，给枚举类型中的每一个元素指定一个整型常量值(也称为序号值)。若枚举类型定义中没有指定元素的整型常量值，则整型常量值从0开始依次递增，因此，weekdays枚举类型的七个元素Sun、Mon、Tue、Wed、Thu、Fri、Sat对应的整型常量值分别为0、1、2、3、4、5、6。

　　在定义枚举类型时，也可指定元素对应的整型常量值。例如，描述逻辑值集合{TRUE、FALSE}的枚举类型boolean可定义如下：

　　　　　　enum boolean
　　　　　　{ TRUE=1 ,FALSE=0 };

该定义规定：TRUE的值为1，而FALSE的值为0。

　　2) 枚举类型变量的引用

　　对枚举类型变量只能使用两类运算：赋值运算与关系运算。

　　(1) 赋值运算。枚举类型的元素可直接赋给枚举变量，且同类型枚举变量之间可以相互赋值。

　　【例】

```
enum weekdays { Sun,Mon,Tue,Wed,Thu,Fri,Sat };   //定义星期日到星期六为枚举类型 weekdays
        void main ( void )
        { weekdays day1,day2;                      //定义两个枚举型变量 day1、day2
         day1=Sun;                                 //将元素 Sun 赋给枚举变量 day1
         day2=day1;                                //枚举变量 day1 赋给 day2
        }
```

　　该例定义了两个类型为 weekdays 的枚举类型变量 day1 与 day2，这两个枚举型变量只能取集合 { Sun,Mon,Tue,Wed,Thu,Fri,Sat }中的一个元素，可用赋值运算符将元素 Sun 赋给 day1。枚举变量 day1 的值可赋给同类枚举变量 day2。

　　需要注意的是：

　　(1) 不能用键盘通过"cin>>"向枚举变量输入元素值，例如："cin>>day1"是错误的。因此，枚举变量的值只能通过初始化或赋值运算符输入。

　　(2) 可用"cout<<"输出枚举变量，但输出的是元素对应的序号值，而不是元素值。例如：cout<<day1; 用cout输出day1中元素Sun对应的序号值0，而不是元素Sun。

　　(2) 关系运算。枚举变量可与元素常量进行关系比较运算，同类枚举变量之间也可以进行关系比较运算，但枚举变量之间的关系运算比较是对其序号值进行的。

　　【例】

```
day1=Sun;                //day1 中元素 Sun 的序号值为 0
day2=Mon;                //day2 中元素 Mon 的序号值为 1
if (day2>day1) day2=day1;  //day2>day1 的比较就是序号值关系式：1>0 的比较
if (day1>Sat) da1=Sat;     //day1>Sat 的比较就是序号值关系式：0>6 的比较
```

　　day2 与 day1 的比较，实际上是其元素 Mon 与 Sun 序号值 1 与 0 的比较，由于 1>0 成立，所以 day2>day1 条件为真，day2=day1=Sun。同样由于 day1 中元素 Sun 的序号值 0 小于 Sat 的序号值 6，所以 day1>Sat 条件为假，day1 的值不变。

5. 指针

指针是一个特殊的变量，它存储的是内存里的一个地址。指针使得 C 语言能像汇编语言一样处理内存地址，从而编出精练而高效的程序。指针的要素包括：指针的类型，即指针所指向的数据类型，指针的值或者叫指针所指向的内存区，还有指针本身所占据的内存区。指针根据所指的变量类型不同，可以是整型指针(int *)、浮点型指针(float *)、字符型指针(char *)、结构指针(struct *)和联合指针(union *)。

1) 指针变量的定义

指针变量定义的一般形式为：类型说明符 * 变量名；

其中，*表示这是一个指针变量，变量名即为定义的指针变量名，类型说明符表示本指针变量所指向的变量的数据类型。

【例】

int *p1; //表示 p1 是指向整型数的指针变量，p1 的值是整型变量的地址

2) 指针变量的赋值

指针变量同普通变量一样，使用之前不仅要进行声明，而且必须赋予具体的值。未经赋值的指针变量不能使用，否则将造成系统混乱，甚至死机。指针变量赋值时只能赋予地址。

【例】

```
int a;          //a 为整型数据变量
int *p1;        //声明 p1 是整型指针变量
p1 =&a;         //将 a 的地址作为 p1 初值
```

3) 指针的运算

(1) 取地址运算符&。取地址运算符&是单目运算符，其结合性为自右至左，其功能是取变量的地址。

(2) 取内容运算符*。取内容运算符*是单目运算符，其结合性为自右至左，用来表示指针变量所指的变量。在*运算符之后跟的变量必须是指针变量。

【例】

```
int a,b;        //a,b为整型数据变量
int *p1;        //声明p1是整型指针变量
p1 =&a;         //将 a 的地址作为 p1 初值
a=80; b=*p1;    //运行结果:b=80，即为 a 的值
```

注意：取内容运算符"*"和指针变量声明中的"*"虽然符号相同，但含义不同。在指针变量声明中，"*"是类型说明符，表示其后的变量是指针类型。而表达式中出现的"*"则是一个运算符用以表示指针变量所指的变量。

(3) 指针的加减算术运算。对于指向数组的指针变量，可以加或减一个整数 n(由于指针变量实质是地址，给地址加或减一个非整数就错了)。设 pa 是指向数组 a 的指针变量，则 pa+n，pa-n，pa++，++pa，pa--，--pa 运算都是合法的。指针变量加或减一个整数 n 的意

义是把指针指向的当前位置(指向某数组元素)向前或向后移动 n 个位置。

注意：数组指针变量前/后移动一个位置和地址加或减 1 在概念上是不同的。因为数组可以有不同的类型，各种类型的数组元素所占的字节长度是不同的。如指针变量加 1，表示指针变量指向下一个数据元素的首地址，而不是在原地址基础上加 1。

【例】int a[5],*pa; //声明 a 为整型数组(下标为 0～5)，pa 为整型指针

　　　　pa=a;

　　　　//pa 指向数组 a，也是指向 a[0]。

　　　　pa=pa+2; //pa 指向 a[2]，即 pa 的值为&pa[2]

注意：指针变量的加或减运算只能对数组指针变量进行，对指向其他类型变量的指针变量做加或减运算是毫无意义的。

4) void 指针类型

void *为"无类型指针"，即定义了指针变量，但没有指定它是指向哪种类型数据，编程中可以把无类型指针强制转化成任何类型的指针。

如果指针 p1 和 p2 的类型相同，那么可以直接在 p1 和 p2 间互相赋值；如果 p1 和 p2 指向不同的数据类型，则必须使用强制类型转换运算符把赋值运算符右边的指针类型转换为左边指针的类型。

【例】

　　　　float *p1;　　　　　　 //声明 p1 为浮点型指针

　　　　int *p2;　　　　　　　 //声明 p2 为整型指针

　　　　p1 = (float *)p2;　　　 //强制转换整型指针 p2 为浮点型指针值给 p1 赋值

void *则不同，任何类型的指针都可以直接赋值给它，无需进行强制类型转换。

【例】

　　　　void *p1;　　　　　　 //声明 p1 无类型指针

　　　　int *p2;　　　　　　　 //声明 p2 为整型指针

　　　　p1 = p2;　　　　　　　 //用整型指针 p2 的值给 p1 直接赋值

但这并不意味着，void *也可以无需强制类型转换地赋给其他类型的指针，也就是说 p2=p1 这条语句编译会出错，而必须将 p1 强制类型转换成"void *"类型。因为"无类型"可以包容"有类型"，而"有类型"则不能包容"无类型"。

5) 字符串指针

除了用字符数组来存储字符串外，应用较多的方法是用字符串指针指向一个字符串。

【例】

　　　　char *string = "I love China!";

6. 空类型

空类型即 void 类型，该类型字节长度为 0。void 类型主要有两个用途：一是明确地表示一个函数不返回任何值或者无参数；二是产生一个该类型指针(可根据需要动态地分配给其内存)，以便于赋给其他类型的指针。

7. 位域

有些信息在存储时，并不需要占用一个完整的字节，而只需占几个或一个二进制位。

例如在存放一个开关量时，只有 0 和 1 两种状态，用一位二进位即可。为了节省存储空间，并使处理简便，引入一种称为"位域"，也称"位段"的数据结构。所谓"位域"是把一个类型单元中的二进位划分为几个不同的区域，并说明每个区域的位数。每个域有一个域名，允许在程序中按域名进行操作。这样就可以达到压缩数据的目的，同时，通过位域定义位变量，是实现单个位操作的重要途径和方法，产生的代码更为紧凑、高效。

1) 位域的定义

采用结构体进行定义，成员变量必须是"unsigned int"类型，变量名后加"："接位域所占字节数，位域不可以跨字节，不用的位可以填"0"。

【例】

```
struct bs
{
        unsigned int a:2;
        unsigned int b:6;
}b1;
struct bs
{
        unsigned int a:4;
        unsigned int   :0;          //本字节其余 4 位不用
        unsigned int b:4;
        unsigned int c:4;

}b1;
struct bs
{
        unsigned int a:1;
        unsigned int   :2;          //无域名，两个位不用
        unsigned int b:3;
        unsigned int c:2;
}b1;
```

2) 位域的引用

位域引用方式和结构体变量相同，可以用"."引用位域。

对于位域，在使用时要注意位域中的各位必须存储在同一个字节中，不能跨两个字节。如一个字节所剩空间不够存放另一位域时，应从下一单元起存放该位域，也可以有意使某位域从下一单元开始。

【例】

```
struct bs
{
        unsigned int a:4
```

unsigned int :0 //空域(本字节剩余位不用)

unsigned int b:4 //从下一单元开始存放

unsigned int c:4

};

在这个位域定义中，a 占第一字节的 4 位，后 4 位填 0 表示不使用，b 从第二字节开始，占用 4 位，c 占用 4 位。

位域不允许跨两个字节，因此位域的长度不能大于一个字节的长度，也就是说不能超过 8 位二进位。

位域可以无位域名，这时它只用来作填充或调整位置。无名的位域是不能引用的。

【例】

Struct bs

{

unsigned int a:1 //第 0 位

unsigned int :2 //无域名，2 位不能使用

unsigned int b:3 //第 3～5 位

unsigned int c:2 //第 6～7 位

}b1;

位域在本质上就是一种结构类型，只是其成员是按二进位分配的。

8. 双字类型

双字类型，即 word 类型，该类型本质上是无符号短整型，一般用于定义 16 位寄存器。

2.2.3 运算符

C 语言的运算符大体分为算术、逻辑、关系和位运算几种类型，除此之外还有一些特殊类型的操作符。表 2.1 列出了 C 语言的运算符及使用方法举例。

表 2.1 C 语言的运算符

运算类型	运算符	简明含义	举 例
算术运算	+ - * /	加、减、乘、除	N=1，N=N+5 等同于 N+=5，N=6
	^	幂	A=2,B=A^3,B=8
	%	取模运算	N=5，Y=N%3，Y=2
逻辑运算	||	逻辑或	A=TRUE,B=FALSE,C=A||B,C=TRUE
	&&	逻辑与	A=TRUE,B=FALSE,C=A&&B,C=FALSE
	!	逻辑非	A=TRUE,B=!A,B=FALSE
关系运算	>	大于	A=1,B=2,C=A>B,C=FALSE
	<	小于	A=1,B=2,C=A<B,C=TRUE
	>=	大于等于	A=2,B=2,C=A>=B,C=TRUE
	<=	小于等于	A=2,B=2,C=A<=B,C=TRUE
	==	等于	A=1,B=2,C=(A==B),C=FALSE
	!=	不等于	A=1,B=2,C=(A!=B),C=TRUE

续表

运算类型	运算符	简明含义	举 例
位运算	~	按位取反	A=0b00001111,B=~A,B=0b11110000
	<<	左移	A=0b00001111,A<<2=0b00111100
	>>	右移	A=0b11110000,A>>2=0b00111100
	&	按位与	A=0b1010,B=0b1000,A&B=0b1000
	^	按位异或	A=0b1010,B=0b1000,A^B=0b0010
	|	按位或	A=0b1010,B=0b1000,A|B=0b1010
增量和减量运算	++	增量运算符	A=3,A++,A=4
	--	减量运算符	A=3,A--,A=2
复合赋值运算	+=	加法赋值	A=1,A+=2,A=3
	-=	减法赋值	A=4,A-=4,A=0
	>>=	右移位赋值	A=0b11110000,A>>=2,A=0b00111100
	<<=	左移赋值	A=0b00001111,A<<=2,A=0b00111100
	*=	乘法赋值	A=2,A*=3,A=6
	|=	按位或赋值	A=0b1010,A|=0b1000,A=0b1010
	&=	按位与赋值	A=0b1010,A&=0b1000,A=0b1000
	^=	按位异或赋值	A=0b1010,A^=0b1000,A=0b0010
	%=	取模赋值	A=5,A%=2,A=1
	/=	除法赋值	A=4,A/=2,A=2
指针和地址运算	*	取内容	A=*P
	&	取地址	A=&P

特别提醒在逻辑运算"||"中，如果左边的操作数为真，则右边的操作数就不会检查，而"&&"运算符左边的操作数为假时，右边的操作数也不会检查。

在这里，有必要重点回顾一下位运算符"|"和"&"。一个数和1相或，结果必定为1，和0相或，结果与这个数相同，因此在程序设计中如果想让特定位为1，则用1与之相或，想保持不变的，或者说不影响其状态的就用0与之相或。一个数和0相与，结果必定为0，和1相与，结果由这个数决定，因此在程序设计中如果想让特定位为0，则用0与之相与，想保持不变的，或者说不影响其状态的就用1与之相与。

【例】

```
unsigned char x=0b10101010,y=010101；
x|= 0b11110000;          //x 前四位置1，后四位保持不变
y&=0b11110000;           //y 前四位置不变，后四位清零
```

运算结果为：

```
x= 0b11111010
y= 0b01010000
```

这种形式在嵌入式系统中常用于寄存器的配置中。

2.2.4　流程控制

在程序设计中主要有三种基本控制结构：顺序结构、选择结构和循环结构。

1. 顺序结构

顺序结构就是从前向后依次执行语句。从整体上看，所有程序的基本结构都是顺序结构，中间的某个过程可以是选择结构或循环结构。

2. 选择结构

选择结构的作用是，根据是否满足所指定的条件，决定执行哪些语句。在 C 语言中主要有 if 和 switch 两种选择结构。

1) if 结构

　　if(条件表达式)
　　　　{语句项}
或
　　if(条件表达式)
　　　　{语句项}
　　else
　　　　{语句项}

如果表达式取值真(除 0 以外的任何值)，则执行 if 的语句项；否则，如果 else 存在的话，就执行 else 的语句项。每次只会执行 if 或 else 中的某一个分支。语句项可以是单独的一条语句，也可以是多条语句组成的语句块(要用一对大括号"{}"括起来)。

if 语句可以嵌套，有多个 if 语句时 else 与最近的一个配对。

对于多分支语句，可以使用如下多重判断结构。

　　　　if(条件表达式)
　　　　　　{语句项}
　　　　else if(条件表达式)
　　　　　　{语句项}
　　　　else if(条件表达式)
　　　　　　{语句项}
　　　　else
　　　　　　{语句项}

2) switch 结构

switch 是 C 语言内部多分支选择语句，它根据某些整型和字符常量对一个表达式进行连续测试，当一常量值与其匹配时，它就执行与该变量有关的一个或多个语句。

switch 语句的一般形式如下：

　　　　switch(条件表达式)
　　　　{
　　　　　　case 常数 1：{语句项 1}

```
                          break;
        case  常数 2: {语句项 2}
                          break;
                 ⋮
    default:
                     {语句项}

    }
```

根据 case 语句中所给出的常量值，按顺序对表达式的值进行测试，当常量与表达式值相等时，就执行这个常量所在的 case 后的语句块，直到碰到 break 语句，或者执行到 switch 的末尾为止。若没有一个常量与表达式值相符，则执行 default 后的语句块。default 是可选的，如果它不存在，并且所有的常量与表达式值都不相符，那就不做任何处理。

switch 语句与 if 语句的不同之处在于 switch 只能对等式进行测试，而 if 可以计算关系表达式或逻辑表达式。break 语句在 switch 语句中是可选的，如果不用 break，switch 语句就继续寻找下一个条件满足的 case 语句执行，直到碰到 break 或 switch 的末尾为止。

3. 循环结构

循环结构常用 for 循环、while 循环与 do...while 循环。

1) for 循环

格式为：for(初始化表达式；条件表达式；修正表达式) {循环体}

执行过程为：先求解初始化表达式；再判断条件表达式，若为假(0)，则结束循环，转到循环下面的语句；如果其值为真(非 0)，则执行"循环体"中语句。然后求解修正表达式；再转到判断条件表达式处根据情况决定是否继续执行"循环体"。

2) while 循环

格式为： while(条件表达式) {循环体}

当表达式的值为真(非 0)时执行循环体。其特点是：先判断后执行。

3) do....while 循环

格式为： do {循环体} while(条件表达式);

其特点是：先执行后判断。即当流程到达 do 后，立即执行循环体一次，然后才对条件表达式进行计算、判断。若条件表达式的值为真(非 0)，则重复执行一次循环体。需要注意的是 while(条件表达式)后面不能遗漏了分号";"

4. break 和 continue

在循环中常常使用 break 语句和 continue 语句，这两个语句都会改变循环的执行情况。break 语句用来从循环体中强行跳出循环，终止整个循环的执行；continue 语句使其后语句不再被执行，进行新的一次循环(可以形象地理解为返回循环开始处执行)。

2.2.5 函数

函数是对可执行代码的一种封装，其目的是实现程序模块化和重用。main()函数可以调用其他函数，这些函数执行完毕后程序的控制权又返回到 main()函数中，但 main()函数不能被别的函数所调用。通常我们把这些被调用的函数称为下层(lower-level)函数或子函数。函数调用发生时，立即执行被调用的函数，而调用者则进入等待状态，直到被调用函数执行完毕。函数可以有参数和返回值。

函数的定义包括函数头和语句体两部分，定义格式如下：

函数返回值类型　函数名(参数表)

```
{
    语句体；
}
```

函数返回值类型可以是前面说到的某个数据类型，或者是某个数据类型的指针、指向结构的指针、指向数组的指针。函数名在程序中必须是唯一的，它也遵循标识符命名规则。参数可以没有也可以有多个，在函数调用的时候，实际参数可被拷贝到这些变量中。语句体包括局部变量的声明和可执行代码。

使用函数要注意：函数定义时要同时声明其类型；调用函数前要先声明该函数；传给函数的参数值，其类型要与函数原定义一致；接收函数返回值的变量，其类型也要与函数类型一致；执行 return 语句意味着函数调用的结束。

函数可作"黑箱"处理，不需要关心它内部的实现细节。为实现封装，函数向用户提供调用接口，这个接口一般是以头文件的形式出现，用户在使用前，需要在代码中用"#include"语句包含这些头文件。

2.2.6　编译预处理

编译预处理是 C 编译系统的一个重要组成部分。C 语言允许在程序中使用几种特殊的命令(它们不是一般的 C 语句)，在 C 编译系统对程序进行通常的编译(包括语法分析、代码生成、优化等)之前，先对程序中的这些特殊的命令进行"预处理"，然后将预处理的结果和源程序一起再进行常规的编译处理，以得到目标代码。C 提供的预处理功能主要有宏定义、条件编译和文件包含。

1. 宏定义

格式：

#define 宏名表达式

表达式可以是数字、字符，也可以是若干条语句。在编译时，所有引用该宏的地方，都将自动被替换成宏所代表的表达式。

[例]　#define PI 3.1415926 //程序中可以 PI 代替数字 3.1415926，如 PI*r*r。

2. 条件编译

格式 1：

```
#if
    表达式
#else
    表达式
#endif
```

如果表达式成立，则编译#if 下的程序，否则编译#else 下的程序，#endif 为条件编译的结束标志。

格式 2：#ifdef 宏名 //如果宏名称被定义过，则编译以下程序

格式 3：#ifndef 宏名 //如果宏名称未被定义过，则编译以下程序

条件编译通常用来调试、保留程序(但不编译)，方便程序移植还可以在需要对两种状况做不同处理时使用。

3. 文件包含

所谓"文件包含"，是指一个源文件将另一个源文件的全部内容包含进来，其一般形式为：

　　　　#include "文件名"

4. typedef

除了可以直接使用 C 提供的标准类型名(如 int、char、float、double、long 等)和自己定义的结构体、指针、枚举等类型外，还可以用 typedef 定义新的类型名来代替已有的类型名。

【例】typedef unsigned char INT8U;

表示指定用 INT8U 代表 unsigned char 类型。下面这样的两个语句是等价的： unsigned char i; 等价于 INT8U i;

需要注意的是：

(1) 用 typedef 可以定义各种类型名，但不能用来定义变量。

(2) 用 typedef 只是对已经存在的类型增加一个类型别名，而没有创造新的类型。

(3) typedef 与#define 有相似之处.

【例】typedef unsigned int INT16U;

　　　　　#define INT16U unsigned int;

例子中的两句的作用都是用 INT16U 代表 unsigned int。但事实上它们二者不同，#define 是在预编译时处理，它只能做简单的字符串替代，而 typedef 是在编译时处理。

(4) 当不同源文件中用到各种类型数据(尤其是像数组、指针、结构体、共用体等较复杂数据类型)时，常用 typedef 定义一些数据类型，并把它们单独存放在一个文件中，而后在需要用到它们的文件中用#include 命令把它们包含进来。

(5) 使用 typedef 有利于程序的通用与移植。

5. 程序设计中的注意事项

除了在程序设计中要遵循相关规范外，还要坚持使编程者容易理解和调试的原则，即：

(1) 名字要能见文知义，必要时添加注释，说明变量用途。

(2) 全局变量加上前缀"g"，以示区别。

(3) 在命名自己的变量时，不要用下划线开头，前面加下划线一般是系统变量。

(4) 代码编辑时要注意输入法，代码必须是英文输入，符号输入时要特别注意。

(5) 不要使用看起来很体现编程技巧而不容易理解的代码。初学者尽量不要使用多维数组，也不要使用多重指针。

(6) 注意不同类型数据直接的运算可能带来的数据错误。

习　题

1. 数据类型定义的本质是什么？
2. 以下程序有何错误？

```
void test1()
{
    char string[10];
    char* str1="0123456789";
    strcpy(string, str1);
}
```

3. for 循环中的条件判断一定要和循环变量有关么？

项目 3　AW60 及其最小系统

3.1　项目内容与要求

(1) 了解 S08 系列 MCU 系列芯片特点。

(2) 熟悉 AW60 存储器映像、寄存器。

(3) 掌握 AW60 最小系统的构成。

3.2　项目背景知识

3.2.1　飞思卡尔 S08 系列微控制器

S08 系列 MCU 是 8 位微控制器，主要有 HC08、S08 和 RS08 三种类型。其中 S08 为 HC08 系列的兼容增强型，是 HCS08 的简写，两者的主要区别在于调试方式和最高工作频率不同；RS08 是 S08 架构的简化版本，其特点在于体积更小、价格低廉。

1. S08 系列命名规则

S08 系列 MCU 芯片的名称一般包括 7 个部分，以"MC9S08AW60CPUE"为例，其第一部分"MC"表示产品状态为合格，该部分为"PC"表示测试品。第二部分中，9 表示片内带闪存 Flash EEPROM，该部分为"8"表示片内带 EEPROM，为"7"表示片内带 EPROM 或一次编程 ROM(OTPROM, One Time Programmable ROM)，此部分空缺表示片内无程序存储器或带 ROM。第三部分 S08 表示芯片内核，取值除 S08 外还有 HC08、RS08。第四部分"AW"表示子序列，除此之外还有 GP、GZ 等子系列。第五部分"60"表示存储器大小，60 表示 60KB。第六部分"C"表示表示芯片工作温度范围为−40℃～85℃，其余符号可参看相关资料。第七部分"PUE"表示封装，具体含义也可参看相关资料。

2. MC9S08AW60 的特点

MC9S08AW60 的最高工作频率可达 40 MHz，内部总线频率为 20 MHz；芯片内部自带振荡电路，工作频率可以由内部模块产生，也可外接晶振进行设定，还可以外接外部时钟(为方便起见下面有时会将 MC9S08AW60 简称为 AW60)。它的主要特点如下：

(1) AW60 支持 BGND 指令，可以在背景调试模式下工作。

(2) 可以进行断点在线调试。

(3) 内部含 32 个中断/复位源、大小为 2 KB 的 RAM、带块保护和安全选项的 Flash 存储器。

(4) 具有计算机正常操作复位，低电压检测与复位或中断，非法操作码检测与复位，非法地址检测与复位等功能。

(5) 有 16 个 ADC 通道、10 位 A/D 转换器并有自动比较功能。

(6) 具有两个串行通信接口 SCI 模块与可选的 13 位中断，一个串行外设接口 SPI 模块，一个速度可达 100 kb/s 的集成电路互连总线 I^2C 模块。

(7) 具有 8 引脚键盘中断模块。

(8) 具有 54 通用输入/输出(I/O)引脚。输入时，每个端口都有软件选择的上拉电阻；输出时，每个端口都有软件选择的回转速率控制，且每个端口都有软件选择的驱动强度。

(9) 具有主复位引脚和上电复位(POR)。

(10) 具有内部上拉复位 RESET、IRQ 和 BKGD /MS 引脚，以减少客户的系统成本。

(11) 具有 Wait 和两个 STOPS 共三种省电模式。

3. MC9S08AW60(AW60)的内部结构框图

图 3-1 给出了 AW60 的内部结构框图。从图中可以看出，AW60 有以下主要部分：CPU、存储器、定时器接口模块、定时器模块、看门狗模块、通用 IO 模块、串口通信模块(SCI)、串行外设接口(SPI)模块、IIC(即 I^2C)模块、A/D 转换模块、键盘中断模块(KBI)、时钟发生模块(KBI)、复位与中断模块、低电压检测(LVD)模块等。

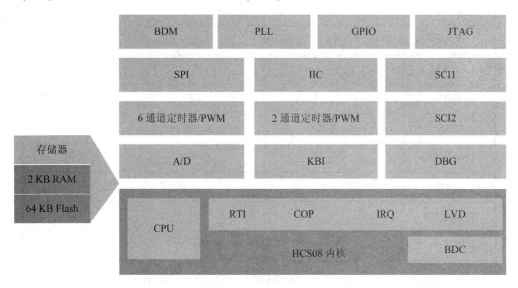

图 3-1　AW60 MCU 框图

4. MC9S08AW60(AW60)系列芯片封装与资源

MC9S08AW60 系列芯片存储器容量和封装形式如表 3.1 所示。

不同的封装可用的外设也有所不同，具体如表 3.2 所示。

表 3.1 MC9S08AW60 系列芯片存储容量与封装形式

芯片	FLASH	RAM	封装
MC9S08AW60	63 280		64 QFP
MC9S08AW48	49 152	2048	64 LQF P
			48 QFN
MC9S08AW32	32 768		44 LQFP
MC9S08AW16	16 384	1024	44 LQFP
			48 QFN

表 3.2 每个封装的可用外设

模块	封装选项		
	64 引脚	48 引脚	44 引脚
ADC	16 通道	8 通道	8 通道
IIC	有	有	有
IRQ	有	有	有
KBI1	8	7	6
SCI1	有	有	有
SCI2	有	有	有
SPI1	有	有	有
TPM1	6 通道	4 通道	4 通道
TPM1CLK	有	无	无
TPM2	2 通道	2 通道	2 通道
TPM2CLK	有	无	无
I/O 引脚	54	38	34

MC9S08AW60、MC9S08AW48、MC9S08AW32 和 MC9S08AW16 是低成本、高性能 8 位微处理器单元(MCU)HCS08 家族中的成员。家族中所有的 MCU 使用增强型 HCS08 核，且使用不同的模块，因此有不同的存储大小、存储器类型和封装类型，具体见表 3.1。

3.2.2 MC9S08AW60 芯片引脚分配

图 3-2 给出的是 64 引脚 LQFP 封装的 AW60 的引脚图。每个引脚都可能有多个复用功

能，系统设计时必须注意只能使用其中的一个功能。

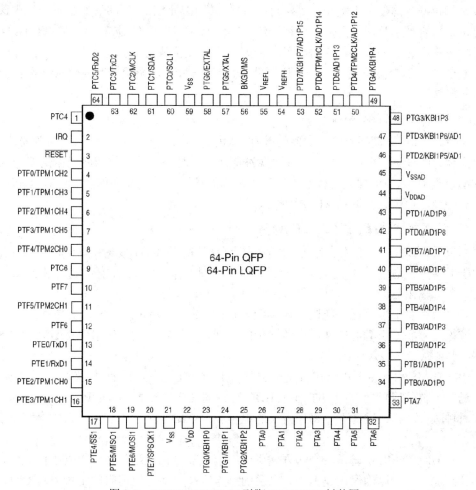

图 3-2　MC9S08AW60 64 引脚 QFP/LQFP 封装图

下面简要介绍 QFP/LQFP 封装 AW60 的引脚功能分类。

1．电源类信号引脚

VDD 和 VSS 是 MCU 的主要电源供应引脚，该电源给所有 I/O 缓冲电路和一个内部电压调节器供电。内部电压调节器将调节后的低压电源提供给 CPU 和 MCU 的其他内部电路。一般情况下，在实际应用系统中电源引脚接两个电容。一般应该选用一个大容量电解电容器，如 10 μF 的钽电容；另外一个则可选用 0.1 μF 的陶瓷旁路电容。这两个电容要尽可能地靠近 VDD 和 VSS 电源引脚，用以抑制高频噪声。AW60 还有第二个 VSS 引脚，这个引脚应连接到系统的接地端或通过一个低阻抗连接到主 VSS 引脚。VDDAD 和 VSSAD 是 MCU 的模拟电源引脚，这个电源给 ADC 模块供电。

2．复位信号引脚

复位引脚 RESET 是一个专用引脚，通常用于连接到标准的 6 引脚后台调试连接器，这样调试系统则可以直接复位 MCU 系统。内部上电复位和低电压复位通常不需要外部复位电路。如果需要，可以增加一个外部手动复位装置，例如通过一个简单的开关接地(上拉复位引脚拉低来迫使一个复位)。每当有复位启动时(无论来自外部信号还是系统内部)，这个复位引脚将被置为低电平，并保持大约34个总线周期，然后被释放。约38个总线周期以后将再次取样。如果复位来自内部，例如低电压复位或看门狗超时复位，则复位后，引脚返回逻辑1。这个复位电路解码复位事件被记录下来，通过系统控制复位状态寄存器(SRS)设置相应的位。

3. XTAL、EXTAL 引脚

MCU 工作时，需要有稳定的时钟脉冲，MCU 内部集成了一个皮尔斯振荡器，可外接一个晶体或陶瓷谐振器，由此确定时钟脉冲频率，这时外接的晶体或陶瓷振荡器由 XTAL、EXTAL 引脚接入。为保证有效起振，这两个引脚还要外接高品质的陶瓷电容器。MCU 工作的时钟脉冲也可以由 EXTAL 引脚输入。

4. 后台/模式选择引脚(BKGD /MS)

复位时，BKGD/MS 引脚作为一个模式选择引脚。复位后，该引脚立即作为后台引脚被用于后台调试通信。当作为后台/模式选择引脚时，该引脚包含内部上拉电阻、输入滞后装置，标准输出驱动器，而且无需输出转换率控制。

若这个引脚上没有任何连接，则 MCU 在复位的上升沿进入正常的操作模式。如果调试系统被连接到6引脚的标准后台调试接口，则它可以在复位上升沿保持 BKGD/MS 为低电平，强制 MCU 进入后台模式。

BKGD/MS 引脚主要用于后台调试控制器(BDC)通讯，且遵循自定义协议，该协议规定每传送一个位使用目标 MCU 的16个 BDC 时钟周期。目标 MCU 的 BDC 时钟频率可以和总线时钟频率一样，因此不要将任何大的电容和 BKGD/MS 引脚相连，否则会干扰后台串行通信。

虽然 BKGD/MS 引脚是一个伪开漏引脚，但是后台调试通信协议提供了简短的、主动驱动的高加速脉冲以确保快速上升。电缆的小电容和内部上拉电阻的绝对值对 BKGD/MS 引脚上的上升沿和下降沿几乎不起任何作用。

5. ADC 的参考引脚(VREFH，VREFL)

VREFH 和 VREFL 引脚分别为 ADC 模块输入高参考电压和低参考电压。

6. 外部中断引脚(IRQ)

IRQ 引脚既是 IRQ 中断的输入源，又是 BIH 和 BIL 指令的输入源。如果 IRQ 的功能没有确立，该引脚不执行任何功能。

当 IRQ 配置为 IRQ 的输入和设定为上升沿检测时，启用下拉电阻，而非上拉电阻。

在 EMC 敏感的应用中，推荐在 IRQ 引脚上加一个 RC 滤波器。

7. GPIO 及外设端口

余下的引脚被通用 I/O 引脚、片内外设功能复用，比如定时器和串行 I/O 系统。复位后，所有的引脚立即被配置为高阻态通用输入引脚，并且没有内部上拉电阻。为了避免来自浮空输入引脚额外的漏电流，应用程序中的复位初始化例程要么使能上拉或下拉电阻，要么改变不常用引脚的方向并将其置为输出使该引脚不再浮空。

8. 其他引脚

复位后，MCU 使用内部产生的时钟(即自时钟模式，频率为 f_{self_reset})，这个时钟的晶振频率大约为 8 MHz。这个频率源在上电复位启动和使能时作为时钟源，以避免需要一个长期的晶振启动时延。MCU 内也包含一个内部时钟发生器(ICG)模块，可用于运行 MCU。

3.2.3　AW60 存储器映像

存储器映像(Memory map)，是指地址空间的分配情况。具体来说，是指哪些地址被何种存储器或 I/O 寄存器所占用，或者说 AW60 的 RAM、Flash、I/O 映像寄存器各使用哪些地址。S08 系列 MCU 的逻辑地址空间为 64KB，地址范围为\$0000～\$FFFFF。这\$0000～\$FFFF("\$"表示十六进制)的寻址范围被分成若干个区段，每个区段的作用不同。需要注意，一些芯片中，有些地址区段根本没有对应物理存储器，若编程时错误地操作这些区段，将会引起非法地址错误。

MC9S08AW60 片内存储器包括 RAM、用于非易失性数据存储的 FLASH 程序存储器、I/O 寄存器和控制/状态寄存器，其存储器映像如图 3-3 所示。64KB 大小的存储空间被分为直接页寄存器、RAM、FLASH、高端页寄存器、非易失性寄存器、中断向量区。

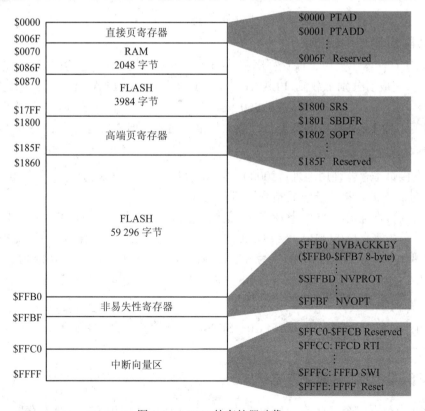

图 3-3　AW60 的存储器映像

1. 直接页

通常存储区每 256 字节为一页(Page)，地址的高 8 位为 0 的页，叫直接页(第 0 页)，地址的高 8 位不为 0 的页，叫间接页(非 0 页)。直接页可以按位寻址，它的地址范围为\$0000～

$00FF。其中，$0000～$006F 主要由片内寄存器专用，而$0070～$00FF 对应的地址空间由 RAM 专用，用户可以直接使用。

2. RAM 与堆栈

AW60 的 RAM 共有 2KB(2048 字节)，地址为$0070～$086F。加电启动时，RAM 中的内容不会被初始化。如果电源电压没有降低到 RAM 保留的最低值(VRAM)以下，RAM 数据就不会受到复位的任何影响。

这个区域既是用户 RAM，也是堆栈 RAM。一般情况下，这个区域安排用户数据(主要是全局变量)和堆栈空间。用户定义全局变量时，默认从低地址向高地址排列。局部变量使用堆栈空间。堆栈复位时 SP=$00FF，位于第 0 页内，即 SP 指向 RAM 的最高地址+1 处(由于 S08 系列 MCU 的进栈指令是使 SP-1，所以堆栈数据是向低地址方向依次堆放，这样堆栈使用的地址空间是$086F→更低地址方向)。为防止全局变量与局部变量地址重叠，实际编程时，一般把 SP 初始化为$0870。安排用户数据时，可以从 RAM 的最低地址$0070 向更高地址空间安排，即用户数据使用的地址空间从$0070 开始往更高地址方向增长。这样从两头向中间使用，可以尽量避免两种数据交叠，发生错误。但是，用户数据不宜安排过多，要给堆栈留有足够的空间，否则运行时可能产生错误。若内存安排较满，必须精确计算堆栈的最大可能深度，以保证程序的正常执行。

3. 两段 FLASH 存储器

FLASH 存储器主要用于保存程序和数据。在线编程使正在运行的程序和数据在应用产品最终组装完成后分别上载到 FLASH 中。AW60 有两段 FLASH，一段地址为$0870～$17FF(3984 字节)，另一段地址为$1860～$FFFF(59296 字节)。FLASH 存储程序、常数、中断向量等。对 FLASH 中的数据可以擦除与重新写入，但需要特殊方法。

4. 寄存器映像

(1) 直接页寄存器使用地址：$0000～$006F(112 字节)，其地址高 8 位为 0，这些寄存器可以通过高效的直接寻址方式指令访问。

(2) 高端页寄存器($1800～$185F)：这个区域安排一些不常用的 I/O 寄存器。

(3) 非易失寄存器($FFB0～$FFBF)。这个区域位于 FLASH 存储区域中，对寄存器值的改变方法和其他位置的 Flash 的擦写方法相同。这个区域共 16B，前 8B($FFB0～$FFB7)是访问 FLASH 的"后门密钥"，$FFB8～$FFBC 是没有使用的保留部分。

5. 中断向量区

整个存储器的最后一个区域$FFC0～$FFFF 用于存放中断向量地址。其中复位向量就位于$FFFF:$FFFE 中。

3.2.4　S08CPU 的内部寄存器

AW60 内部有多个寄存器,但 CPU 中有与指令运行密切相关的 5 个寄存器: 累加器 A、变址寄存器 HX、堆栈指针 SP、程序计数器 PC 和条件码寄存器 CCR。这些寄存器不属于存储器的部分。这 5 个寄存器与端口部件的寄存器不同，它们可以被指令直接执行或被控制器直接控制。了解这 5 个寄存器功能对嵌入式系统的理解和将来的深入学习非常必要。

累加器 A 结构如图 3-4 所示，它是 8 位通用寄存器，用来存放操作数和运算结果。数据读取时，累加器 A 用于存放从存储器读出的数据；数据写入时，累加器 A 用于存放准备写入存储器的数据。在执行算术、逻辑操作时，累加器首先存放一个操作数，执行完毕时累加器存放操作结果。累加器 A 是指令系统中最灵活的一个寄存器，各种寻址方式均可对之寻址。复位时，累加器的内容不受影响。

1. 累加器 A(Accumulator)

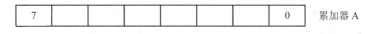

图 3-4　累加器 A 结构

2. 变址寄存器 HX(Index Pointer)

变址寄存器 HX 结构如图 3-5 所示，它是由两个 8 位寄存器构成的 16 位寄存器，H 是高 8 位，X 是低 8 位，可单独使用。变址寄存器 HX 主要用于变址寻址方式中确定操作数的地址，也可以用来存放临时数据，作为一般寄存器使用。复位时，高 8 位被清零。

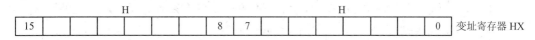

图 3-5　变址寄存器结构

3. 堆栈指针 SP(Stack Pointer)

SP 是指向下一个栈地址的 16 位寄存器(见图 3-6)，堆栈指针 SP 采用递减的结构，进栈时 SP 减 1，出栈时 SP 加 1。复位时，SP 的初值为\$00FF。栈指针复位指令(RSP)可将 SP 的低 8 位置为\$FF，而不影响高 8 位。

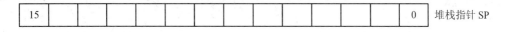

图 3-6　堆栈指针结构

在堆栈指针作为 8 位或 16 位的偏移量寻址方式中，SP 充当变址寄存器功能，CPU 利用 SP 的内容确定操作数的条件地址。

4. 程序计数器 PC(Program Counter)

程序计数器 PC 也是 16 位的(见图 3-7)，可寻址范围达 64KB。PC 存放下一条指令的地址。在执行转移指令时存放转移地址，在执行中断指令时存放中断子程序入口地址。复位时，程序计数器 PC 装入地址\$FFFE 和\$FFFF 中的内容。一般地，地址\$FFFE 和\$FFFF 中的内容是复位的入口地址，这样，复位后，程序能够从复位入口地址开始执行程序。复位入口地址也称复位向量地址或复位矢量地址(Reset Vector Address)，意味着复位状态过后，PC 指向该处，从这里执行程序。

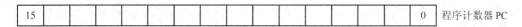

图 3-7　程序计数器结构

5. 条件码寄存器 CCR(Condition Code Register)

条件码寄存器 CCR 是 8 位的寄存器(见图 3-7)。

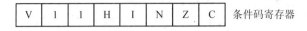

图 3-8　条件码寄存器结构

图 3-8 中，V、H、N、Z、C 这 5 位用于指示指令执行后的结果状态，这些位可由程序来测试。第 6 位(D6)和第 5 位(D5)永远为 1，其余位有具体的含义，分别介绍如下：

1) V(D7)——溢出标志位(Overflow Flag)

当二进制补码溢出时置位，符号跳转指令 BGT、BGE、BLE 和 BLT 使用该标志。

2) H(D4)——半进位标志位(Half-Carry Flag)

执行加法指令(ADD)和带进位加法指令(ADC)时，如果相加的结果的低四位向上产生进位，即累加器 D3 向 D4 有进位，则 CPU 将半进位标志 H 置"1"。该标志对于一般运算是没有用的，但在二进制编码的十进制(BCD)数据运算中则很有用，由于 BCD 码是以四位二进制数来表示一位十进制数，所以在 BCD 码算术运算中，半进位标志 H 记录的是一位十进制数的进位。做十进制调整(DAA)时，利用 H 和 C 的状态来判断是否进行调整。

3) I(D3)——中断屏蔽标志位(Interrupt Mask Flag)

I=1 表示屏蔽中断，即禁止中断；I=0 表示允许中断，即开放中断。复位时，该位被置"1"，可用 CLI 指令开中断。中断响应时，CPU 将除 H 寄存器以外的寄存器压入堆栈，然后执行中断服务子程序，遇到 RTI 指令时，从栈中恢复包括 CCR 在内的各寄存器。当然也包括这一位的状态。为了保持与 M68HC05 系列兼容，变址寄存器高字节即 H 寄存器，在中断时未被自动保护(CPU 内部自动保护了 A、X、CCR、PC)，若在中断服务子程序中用到 H 寄存器的话，需要程序对 H 进行保护，可用 PSHH 和 PULH 使其进栈、出栈。

4) N(D2)——负标志位(Negative Flag)

CPU 进行运算过程中，如果产生负结果，则将负标志 N 置为"1"。该情况用于有符号位的运算，数据位的最高位 D7 作为符号位，如果 D7=1，说明数据为负，如果 D7=0，说明数据为正。如果寄存器或存储单元的 D7 为 1，那么把寄存器或存储单元的内容送入累加器 A 时，就会使 N=1。如果寄存器或存储单元的 D7 为 0，那么把寄存器或存储单元的内容送入累加器 A 时，就会使 N=0。所以，负标志位 N 可用于检查有关寄存器或存储单元 D7 位的状态。

5) Z(D1)——零标志位(Zero Flag)

CPU 进行运算过程中，如果数据或运算结果为 0，零标志位 Z 被置"1"，否则被清"0"。

6) C(D0)——进位/借位标志(Carry/Borrow Flag)

当进行加法运算时，在最高位 D7 上有进位，或在进行减法运算时 D7 需要向更高位借位，则 CPU 将进位/借位标志 C 置 1，否则清 0。一些指令如位测试、跳转、移位指令等也会影响该标志。

3.2.5　AW60 最小系统

　　MCU 最小系统就是让 MCU 能正常工作并发挥其功能时所必需的组成部分,也可理解为是用最少的元件组成的可以工作的系统。

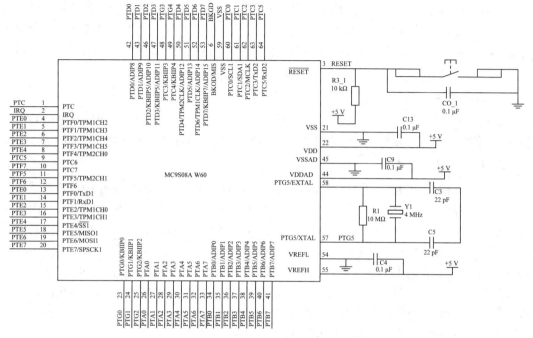

图 3-9　AW60 最小系统电路原理图

　　AW60 芯片的硬件最小系统包括电源及其滤波电路、复位电路、晶振电路、写入器接口电路。芯片要能工作,必须有电源与工作时钟,复位电路则提供不掉电情况下 MCU 重新启动的手段。由于 Flash 存储器制造技术的发展,大部分芯片提供了在板或在系统(On System)写入程序功能,即把空白芯片焊接到电路板上后,再通过写入器把程序下载到芯片中,这样,MCU 最小系统有时也把写入器的接口电路包含在其中。AW60 最小系统电路原理图如图 3-9 所示。

1．电源及其滤波电路

　　电路中需要大量的电源类引脚来提供足够的电流容量,所有的电源引脚必须外接适当的滤波电容以抑制高频噪音。电源(VDDx)与地(VSSx)包括很多引脚,如 VDDAD、VSSAD 等。一些电源与地引脚仅用于外接滤波电容,内部已经连接到电源与地,芯片参考手册指出不需要再外接电源。至于电容外接,是由于集成电路制造技术所限,无法在 IC 内部通过光刻的方法制造这些电容。另外电源滤波电路,可改善系统的电磁兼容性,降低电源波动对系统的影响,增强电路工作稳定性。为标识系统通电与否,可以增加一个电源指示灯。

2．复位电路

　　复位,意味着 MCU 一切重新开始。若复位引脚 RESET 信号有效(低电平),MCU 复位,此时 RESET 会产生一个低电平脉冲。复位电路原理如下:正常工作时复位输入引脚 RESET

通过 10 kΩ 电阻接到电源正极，所以应为高电平；若按下复位按钮，电容放电，则$\overline{\text{RESET}}$脚变为低电平，导致芯片复位。

按引起 MCU 复位的因素区分，复位分为外部复位与内部复位两种。外部复位有上电复位和按下"复位按钮"复位。内部复位有看门狗定时器复位、PLL 失锁复位、PLL 丢失时钟复位、软件复位、低电压复位等。从复位时芯片是否处于上电状态区分，复位可分为冷复位与热复位。芯片从无电状态上电的复位属于冷复位，芯片处于带电状态的复位叫热复位。冷复位后，MCU 内部 RAM 的内容是随机的；而热复位后，MCU 内部 RAM 的内容保持复位前的内容。

3. 晶振电路

晶振电路由一个晶振和两个瓷片电容组成，晶振两个引脚分别接 AW60 的 XTAL、EXTAL 引脚，用于起振的两个瓷片电容一端接地，另一端分别与晶振两个引脚相连。

4. 写入器接口电路

后台调试模式 BDM 是由 Freescale 半导体公司自定义的片上调试规范。BDM 调试方式为开发人员提供了底层的调试手段。开发人员可以通过它初次向目标板下载程序，同时也可以通过 BDM 调试器对目标板 MCU 的 Flash 进行写入、擦除等操作。用户也可以通过它进行应用程序的下载和在线更新、在线动态调试和编程、读取 CPU 各个寄存器的内容、MCU 内部资源的配置与修复、程序的加密处理等操作。而这些仅需要向 CPU 发送几个简单的指令就可以实现，从而使调试软件的编写变得非常简单。BDM 硬件调试插头的设计也非常简单，关键是要满足通信时序关系和电平转换要求。

AW60 最小系统实物图如图 3-10 所示。

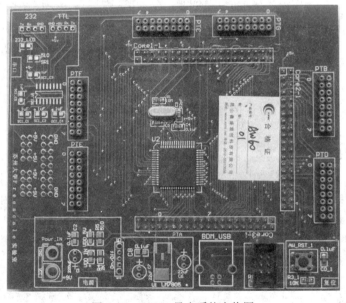

图 3-10　AW60 最小系统实物图

项目 4　AW60 软件开发平台

4.1　项目内容与要求

(1) 熟悉 AW60 开发硬件平台搭建和下载器的使用方法。

(2) 熟悉 AW60 开发软件平台 CodeWarrior 的使用方法。

(3) 了解 AW60 嵌入式软件配置相关内容。

4.2　AW60 硬件开发平台

如前所述，嵌入式系统由于资源有限，因此本身不具备自主开发能力，进行嵌入式系统开发必须有一套开发工具和相应的环境。主要设备是一台运行软件开发平台的主机，但其上开发出的软件并不能在主机上运行，而是在嵌入式系统硬件即目标机上运行。由于需要将主机上的代码下载到目标机，因此还需要相关的软硬件支持，即写入器的支持。嵌入式系统开发所需要的硬件环境如图 4-1 所示。PC 机上运行软件开发平台，设计的软件通过写入器写入到嵌入式系统开发板中，同时写入器还会提供在线调试功能。嵌入式系统开发板可以自己制作，也可以选用苏州大学嵌入式系统实验室开发的 SD 嵌入式开发套件。SD 嵌入式开发套件是针对飞思卡尔 MC908/MC9S08 系列的开发工具，提供 BDM 方式在线编程调试功能，该套件也适用于 S12/ColdFire 系列。开发套件由写入器、AW60 最小系统以及扩展板组成。写入器通过 USB 接口与 PC 机连接，通过 BDM 接口与核心板连接。在集成开发环境的支持下，通过写入器可对核心板上的 MCU 进行在线编程、调试。

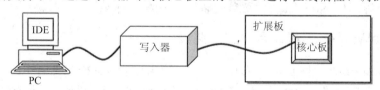

图 4-1　AW60 嵌入式系统开发硬件支撑结构

通过 S08/S12/ColdFire 三合一写入器可以对 AW60 中的 Flash 进行擦除、写入等操作。将机器码下载到 Flash 后，可以进行程序的运行、调试。

首次使用写入器时，需要安装驱动程序，驱动可以从网址 "http://sumcu.suda.edu.cn" 上下载。将写入器与 PC 机通过 USB 口相连，系统弹出 "发现新硬件" 的提示，并弹出 "找到新的硬件向导" 对话框，选择 "从列表或指定位置安装(高级)" 选项。单击 "下一步"，选择"不要搜索，我要自己选择要安装的驱动程序"，单击"下一步"，选择"Windows CE USB Devices"，单击"下一步"，选择"从磁盘安装…"，然后选择驱动程序的路径，选择 driver 文件夹，单击确定以完成 USB 驱动的安装。

如果需要进行在线调试，还需要安装调试库。调试库包含"OpenSourceBDM.dll"1 个文件。调试库可以通过手工安装，即将"OpenSourceBDM.dll"文件拷贝到"Codewarrior for S08"安装目录下的"\Prog\gdi"目录中。也可以选择脚本自动安装，自动安装时首先使用记事本打开 Install.cmd，将其中 CF_HCS08_DIR 变量修改为"Codewarrior for S08"的安装路径。修改结束保存，双击执行 Install.cmd，即可完成调试库安装。

需要说明的是，在创建项目的时候，在连接类型选择中，需要选择"OpenSourceBDM"方可下载调试程序。

4.3　AW60 软件开发平台

4.3.1　CodeWarrior for S08 V6.2

CodeWarrior 开发环境(简称 CW 环境)是 Freescale 公司研发的面向 Freescale MCU 与 DSP 嵌入式应用开发的商业软件工具，功能强大。CodeWarrior 分为 3 个版本：特别版 (Special Edition)、标准版和专业版。在该环境下可编制并调试 AW60 MCU 的汇编语言、C 语言和 C++语言程序。其中特别版是免费的，用于教学目的，对生成的代码量有一定限制，C 语言代码不得超过 12KB，工程包含的文件数目也限制在 30 个以内。标准版和专业版没有这种限制。3 个版本的区别在于用户所获取的授权文件(License)不同，特别版的授权文件随安装软件附带，不需要特殊申请，标准版和专业版的授权文件需要付费。CodeWarrior 特别版、标准版和专业版的命名随所支持的微处理器的不同而不同，如 CodeWarrior for S08 V6.2、CodeWarrior for HC12 V4.6、CodeWarriorfor ColdFire V6.3 等。

CW 环境安装只要按照安装向导进行操作就可以自动完成。需要说明的是，安装完毕以后要上网注册以申请使用许可(License Key)。无论是下载的软件还是申请到的免费光盘，安装后都要通过因特网注册，以申请使用许可。申请后用户会通过 E-mail 得到一个 License.dat 文件，将该文件复制到相应目录下即可。对于免费的特别版本，安装好后要用 E-mail 收到的新的 License.dat 文件覆盖安装目录下的 License.dat 文件。

4.3.2　CodeWarrior 工程项目建立与调试

运行 CodeWarrior(简称 CW)集成开发平台，弹出启动对话框，见图 4-2。

启动对话框中的"Creative New Project"用于新建一个项目，点击"Load Exemple Project"将会打开 CW 自带的样例工程；点击"Load Previous Project"将会加载上一次关闭 CW 前打开的项目；点击"Run Getting Started Tutorial"将打开该平台的使用指导文档；点击"Start using CodeWarrior"将返回 CW 主窗口。

取消该对话框中的"Display on Start"复选按钮，那么关闭 CW 后再次启动 CW 将出现图 4-3 所示的无对话框启动界面。

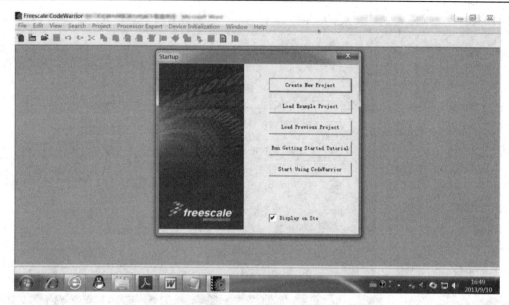

图 4-2　CW 启动对话框

图 4-3　CW 无对话框启动界面

单击"File"菜单，将出现如图 4-4 所示的下拉菜单。点击其中的"New Project"，就可以新建一个项目，同时出现图 4-5 所示的对话框。从"File"下拉菜单，点击"Start Dialog…"就会出现图 4-2 所示的 CW 启动对话框。

在 4-5 所示的建立新项目的向导对话框中，第一步我们需要完成"Device and Connection"的设置和选择。"Select the derivative you would like to use"下侧列表列出了该平台所支持的芯片系列，点开任意一个系列，将进一步列出该系列中具体的芯片型号。我们这里选择 MC9S08AW60。这样就完成了 MCU 的选择。

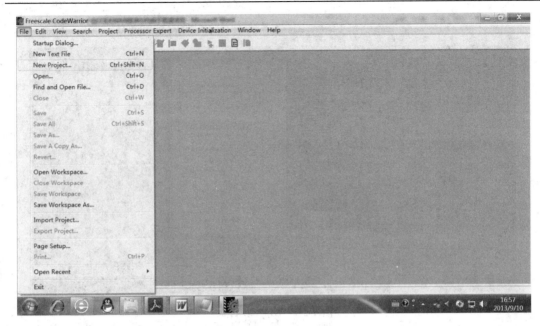

图 4-4　建立新项目

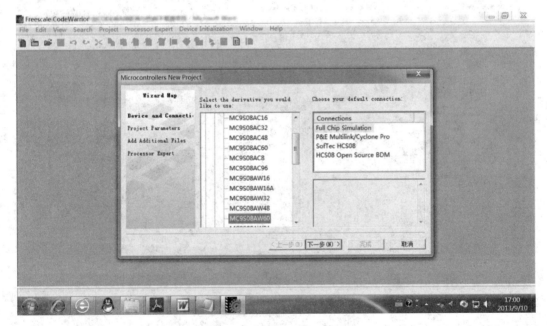

图 4-5　MCU 与连接选择对话框

"Choose your default connection" 下方列出了四种可供选择的连接类型。其中：

Full Chip Simulator：是芯片全功能模拟仿真，即无需任何目标系统的硬件资源，直接在你的 PC 机上模拟运行单片机的程序，在模拟运行过程中可以观察调试程序的各项控制和运行流程，分析代码运行的时间，观察各种变量，等等。CW 提供了强大的模拟激励功能，可以在模拟运行时模拟一些外部事件的输入，配合程序调试。

P&E Multilink/Cyclone Pro：基于 P&E 公司的硬件调试工具实现实时在线硬件调试。

也就是 BDM 调试。BDM 调试基于芯片本身内含的在线调试功能，可实现程序下载，单步/全速运行，可以设若干个断点，可以观察和修改任意寄存器或 RAM 内存空间。BDM 几乎是开发飞思卡尔 8 位(9S08 和 RS08 系列)、16 位(9S12 系列)和 32 位(Coldfire V1 系列)单片机的标准调试模式，运用最为广泛。

SofTec HCS08：SofTec 公司提供的硬件调试工具，国内使用较少。

HCS08 Open Source BDM：支持 USB 通信方式的 BDM 调试。

在没有设备的情况下，先选择"**Full Chip Simulator**"方式进行软件编辑和仿真调试。点击下一步，出现图 4-6 所示的项目参数设定对话框。

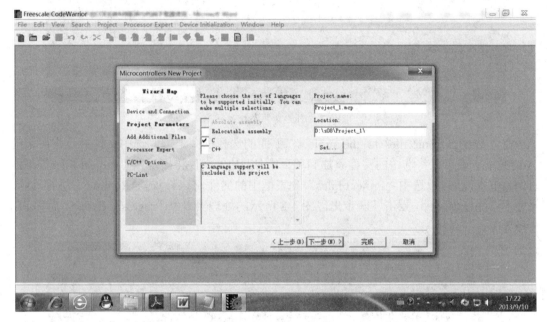

图 4-6   项目参数设定界面

在"Please choose the set of languages to be supported initially. You can make multiple selections"下方列出了可供选择的编程语言。

其中"Absolute assembly"为汇编语言。用汇编语言编写的代码占用的存储空间小，代码执行效率高；但开发难度较大，对开发者的要求也较高。某些场合只能选择汇编语言进行软件设计才能达到要求。此外，选择汇编语言不需要 CW 添加启动代码。"Reallocation assembly"为可重定位汇编语言，可以在 C 语言和 C++语言中内嵌汇编语言。采用 C 语言或 C++语言，可以降低开发难度，软件代码可读性更好。本教程采用 C 语言进行软件开发，因此勾选 C 复选框。

"Project name"下面的编辑框为工程名输入框，默认工程名为 Project_1.mcp，可以更改为其他名称。

"Location"下面的编辑框为工程存储路径输入框。默认路径为系统安装目录。也可以通过点击"Set…"进行更改。这里也采用默认路径。

以上设置完成后，点击"下一步"，出现图 4-7 所示的附加文件添加对话框。

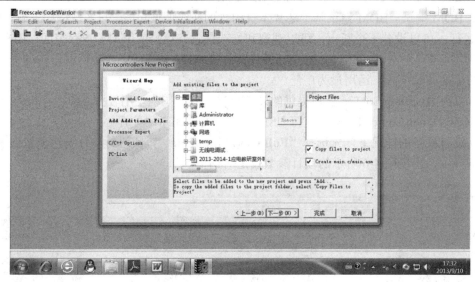

图 4-7　附加文件添加对话框

在"Add existing files to the project"下面的选择框中定位并选中文件后点击右边的
"Add"按钮，就可以将选中的文件添加到项目中，添加的文件将出现在"Project Files"下面
的列表框中，也可以选中"Project Files"列表框中的文件，然后点击"Remove"进行移除。
此处不添加任何文件，点击下一步出现图 4-8 所示的处理器专家(Processor Expert，简称 PE)
选择界面。

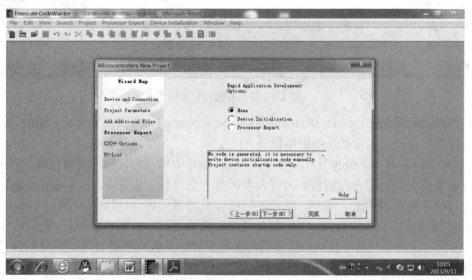

图 4-8　PE 选择对话框

PE 是 CW 集成开发平台内带的可实现芯片内部各种资源模块配置并自动生成相关代
码的一个软件工具。不过只有专业版的 CW 才支持该功能。通过 PE，用户可以快速实现
芯片初始化代码的自动生成工作，而且 PE 还提供了大量的软件库可供用户开发时嵌入或
调用。因为 8 位单片机结构和功能相对简单，实现的控制项目复杂度也不是很高，故一般
情况下 8 位机开发不需要 PE 的介入，直接编写程序代码即可。所以在图 4-8 的对话框中选

择"None"，并直接按"下一步"。出现如图 4-9 所示的 C/C++选项界面。这个界面主要
选择编译和代码生成模式。

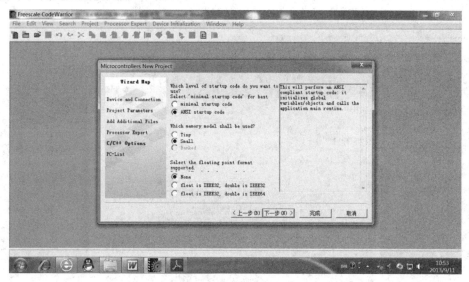

图 4-9　C/C++选项

启动代码选择："Which level of startup code do you want to use"文字下方给出了启动
代码选择按钮。所有 C 编译器会自动生成一些启动代码。单片机复位后将首先执行这些启
动代码，然后再进入到你自己的程序模块 main 函数。这些启动代码主要完成堆栈指针初始
化、全局和静态变量自动清零或赋初值、调用 main 函数等。"ANSI startup code"(ANSI
标准初始化)即完成上述工作，是项目开发的标准选择；"minimal startup code"(最小初始
化)初始化堆栈指针后就直接调用 main 函数，代码最少，进入 main 函数最快，所以平台
推荐选择"minimal startup code"。但变量的清零和赋初值必须由用户自己编写代码实现。
在这里请大家特别注意，最小初始化将不会对全局或静态变量自动清零，这一点在单片机
编程中有时非常重要。在实际产品中当单片机出现异常复位后程序重新开始运行时，我们
往往希望原先的控制过程得以延续，因此一些关键变量的内容要在复位后保留而不能一概
清零。选择最小初始化代码可以实现这一特殊要求，但还有更合理更高级的方法，将在后
面介绍 prm 文件时详细说明。

编译内存模式选择："which memory mode shall be used？"文字下方给出了内存模式。
其中"Tiny"模式是指所有程序不超过 64KB，RAM 变量不超过内存地址最前面的 256 字
节(有时也被称作第 0 页)；"Small"模式程序空间一样不超过 64KB，但 RAM 不限于第 0 页，
可以覆盖整个 64K 地址空间。如果你选择的芯片有超过第 0 页空间的 RAM 并想在设计中
充分利用，就应该选择该缺省的"Small"模式。"BANKED"模式采用分页地址。

浮点运算库选择：当你的程序中有浮点运算时就应该选择加入浮点运算库。浮点运算
库有两种：一是标准浮点 float 和双精度浮点 double 都用 32 位精度表示，换句话说 float 和
double 都看成是 float。这样做的目的是减少代码量，提高运算速度；另一种是 double 用
64 位精度表示，毋庸置疑其运算精度将增加，但代码量也将增加，运算时间也会更长。用
户可以按实际计算需求酌情选取。

由于设计中无需浮点运算，这里就选择"None"。点击下一步进入如图 4-10 所示的
PC-Lint 界面。PC-Lint 是 GIMPEL SOFTWARE 公司开发的 C/C++软件代码静态分析工具，
它能够检查出很多语法错误和语法上正确的逻辑错误。

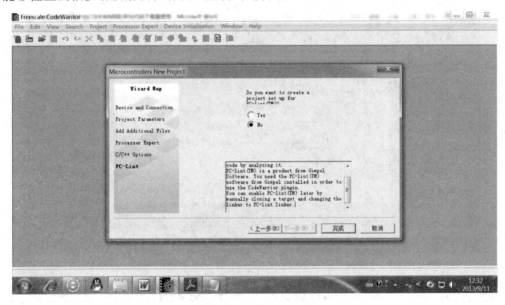

图 4-10　PC-Lint 选择界面

全部选择完成并确认后，按"Finish"，就完成了项目框架的构建。可以双击要编辑的
文件进行编辑或编写代码，调试目标系统。完成后的项目范例如图 4-11 所示。

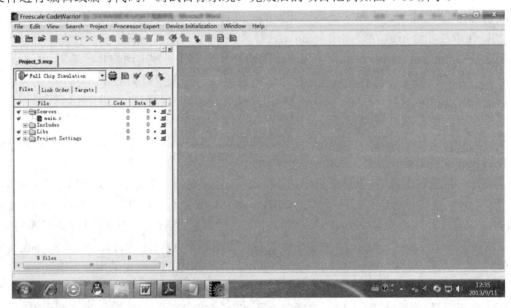

图 4-11　项目范例

CW 窗口主要由标题栏、菜单栏、工具栏、项目管理窗口、代码编辑窗口组成。其中
项目管理窗口有三个标签栏，分别是 Files、Link Order、Targets。

其中"Files"由四个部分组成。Sources 栏目下包含所有源程序文件，可以是 C 文件，

也可以是 asm 或 C++文件。用户可以在此栏下点击鼠标右键在弹出菜单中选择"Add Files"添加其他源程序文件；Includes 栏目下包含本项目所有被引用的头文件。用户可以自己编写项目相关的头文件并添加到本栏目下；Libs 栏目所包含的是本项目开发用到的代码库，可以是目标代码形式或 C 源程序形式；Project Setting 下放的全是项目的配置文件。其中 Startup Code 下是刚才建项目时自动生成的启动文件，你可以打开观察具体的程序代码，也可以在必要时自己添加或修改这些启动代码；Link Files 下的三个文件分别是：用于编程器下载的代码文件格式配置(bbl 文件)、机器代码连接定位用的内存说明和配置文件(prm 文件)、生成的目标代码在内存中的映射文件(map 文件)。

上述四个部分是 CW 组织文件的方式，电脑中并不存在这些文件夹。使用者也可以在该区域单击右键选择"Add File…"和"Create Group"来添加新文件和增加新的"文件夹"，还可以通过拖拽来改变文件和文件夹的归属。由于嵌入式系统软件和硬件存在一一对应的关系，因此可以以部件来对文件进行组织。

点击当前场景右边的下拉菜单按钮，即"Project_3.mcp"字符下面的下拉菜单按钮，可选择所需的新场景，即能够修改图 4-4 所示的连接类型。

在图 4-10 中的项目窗口的右上角有一些小图标，这些图标代表了项目开发管理的最基本功能：

点击该图标可以即时改变目标单片机型号和开发调试场景。按下这一图标，将弹出图 4-4 所示的对话框，可以按照前面针对新项目建立模板的介绍，改变目标单片机的型号，或设定不同的开发调试场景。

点击图标完成项目配置选项设定。一般我们选择默认设置，不要改变。

点击该图标可检查项目文件是否被更新。当你在 CW 环境中编辑项目中的各个文件时，只要文件内容发生变化，项目列表窗内该文件的左侧会出现此小图标，表明此文件已经被更新，它们在代码生成过程会被重新编译。有时你会用其他的文本编辑器编辑项目中各类文件，当编辑完成文件被保存后，在 CW 环境下按一下这个图标，所有被更新的文件在项目栏中都会得到显现。如果文件左侧没有出现此小图标，表明该文件最近没有被修改过，代码生成时可能不会对它进行重新编译，以节约时间。在任何时候你都可以用鼠标点击源文件左侧该小图标的位置以显现此图标(如果原本没有显现的话)，让编译器在代码生成过程中无条件重新编译此文件。

点击该图标可进行代码生成(Make)。鼠标点击该图标后进行源程序的编译和目标代码的连接定位。如果编译连接成功，最后将生成用于源程序符号调试的 abs 文件、用于芯片烧写的 s19 文件、所有变量和函数模块在内存中的映射 map 文件中。另外通过 CW 菜单"Project"→"Make"或键盘快捷键"F7"也可以实现相同功能。

该图标用于打开并进入代码调试窗口。鼠标点击该图标后，如果你的项目文件中有最新更新，CW 会自动调用 make 功能进行编译和连接。然后将利用最新生成的 abs 文件，激活一个独立的代码调试窗口，进行源程序的代码调试。CW 菜单"Project"→"Debug"或键盘快捷键"F5"同效。因为关系到以后调试程序的方便，在这里还要特别提到编译过程中调试信息的打开和关闭控制。请注意图 4-11 中的黑点，该黑点表明编译此文件时将产生调试信息，如果没有此黑点，生成的 abs 文件中将没有对应的源程序调试信息，就无法在调试窗口中进行源代码级调试，只能进行汇编代码级调试。用户可以用鼠标点击此黑点位置打开或关闭调试信息。所以当在编译连接结束后发现 L1923 号信息"xxx.o has no DWARF debug info"，请检查对应的文件调试信息是否打开。

　　双击要编辑的文件"main.c"会出现如图 4-12 所示的代码编辑窗口，即可编写代码。代码编辑完成后就可以点击图标 进行编译。编译时会出现编译窗口，如果编译有错误，则会弹出错误警告窗口给出错误提示。

图 4-12　代码编辑窗口

　　修改无误后就可以点击"Debug"按钮 ，会弹出如图 4-13 所示的调试窗口。调试窗口主要包括源代码窗口、汇编窗口、流程窗口、数据窗口、命令窗口、内存窗口。通过这些窗口可以观察到程序执行流程和内存、寄存器内部数据的变化。

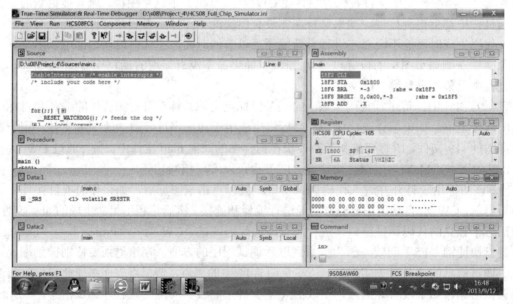

图 4-13　调试窗口

主要调试按钮功能如下：

⬜ 运行(Run)程序；

⬜ 单步运行(Single step)程序；

⬜ 跳入子函数运行(Step into)；

⬜ 跳出子函数运行(Step out)；

⬜ 跟踪(Trace)程序；

⬜ 程序停止(Halt)运行；

⬜ 目标板复位(Reset target)。

4.3.3 prm 文件

1. 前导知识

1) 变量的绝对定位"@"

变量绝对定位是特别针对芯片内部的硬件寄存器定义的。所有的硬件寄存器在编写 C 程序时均被视为变量，它们都已在 CW 给定的头文件中预先定义。由于是硬件资源，其地址是唯一且不可改的，所以在头文件中定义这些寄存器时都采用绝对定位的方式，如定义 MC9S08AW60 的 PORTA：

```
/*** PTAD - Port A Data Register; 0x00000000 ***/
typedef union
{
byte Byte;
struct {
        byte PTAD0 :1; /* A 口数据寄存器 0 位*/
        byte PTAD1 :1; /* A 口数据寄存器 1 位*/
        byte PTAD2 :1; /* A 口数据寄存器 2 位*/
        byte PTAD3 :1; /* A 口数据寄存器 3 位*/
        byte PTAD4 :1; /* A 口数据寄存器 4 位*/
        byte PTAD5 :1; /* A 口数据寄存器 5 位*/
        byte PTAD6 :1; /* A 口数据寄存器 6 位*/
        byte PTAD7 :1; /* A 口数据寄存器 7 位*/
    } Bits;
} PTADSTR;
extern volatile PTADSTR _PTAD @ 0x00000000;
#define PTAD _PTAD.Byte
#define PTAD_PTAD0 _PTAD.Bits.PTAD0
#define PTAD_PTAD1 _PTAD.Bits.PTAD1
#define PTAD_PTAD2 _PTAD.Bits.PTAD2
#define PTAD_PTAD3 _PTAD.Bits.PTAD3
#define PTAD_PTAD4 _PTAD.Bits.PTAD4
```

```
#define PTAD_PTAD5 _PTAD.Bits.PTAD5
#define PTAD_PTAD6 _PTAD.Bits.PTAD6
#define PTAD_PTAD7 _PTAD.Bits.PTAD7
```

在定义端口寄存器时用"@"给出其绝对地址为 0x00。理论上用户自己定义的变量也可以用这种方式对其分配一个固定地址来绝对定位。但这样定义的变量其地址不一定被保留，有可能被其他变量覆盖。

2) 变量 volatile 声明

顾名思义 volatile 型变量是易变的，其值是不随程序代码运行而改变的。所有的单片机片内硬件寄存器都是易变的，因为其值是由内部硬件模块运作或外部信号输入决定而不受程序代码的控制；此外，自定义的变量如果在中断服务程序中被修改，对正常的代码运行流程来说它们也是易变的。volatile 类型定义在单片机的 C 语言编程中很重要，因为它可以告诉编译器的优化处理器这些变量是实实在在存在的，在优化过程中不能无故消除。假定你的程序定义了一个变量并对其作了一次赋值，但随后就再也没有对其进行任何读写操作，如果是非 volatile 型变量，优化后的结果是这个变量有可能被彻底删除以节约存储空间。另外一种情形是在使用某一个变量进行连续的运算操作时，这个变量的值将在第一次操作时被复制到中间临时变量中，如果它是非 volatile 型变量，则紧接其后的其他操作将有可能直接从临时变量中取数以提高运行效率，这样做那些随机变化的参数就会出问题。若将其定义成 volatile 类型，编译后的代码就可以保证每次操作时直接从变量地址处取数。

任何类型的变量，都可以冠以 volatile 声明。

3) 变量 const 声明

const 用以声明变量为永不变化的常数。一般来说这些变量都应该被放在 ROM 区(也就是 Flash 程序空间)以节约宝贵的 RAM 内存。但简单的一个 const 声明并不能保证变量最后会被分配到 ROM 区，安全的做法必须配合#pragma 声明的.CONST_SEG.数据段或.INTO_ROM.一起实现。以下是 const 声明的一个范例：

const byte prjName[] = "This is a demo";

任何类型的变量，都可以冠以"const"声明。

4) #pragma 声明

◆ #pragma DATA_SEG

定义变量所处的数据段。其语法形式为：

　　　　　　　　　　#pragma DATA_SEG <属性> 名称

数据段名称可以自己任意命名，但习惯上有些约定的名称，分别为：

DEFAULT——缺省的数据段，在 08 系列单片机中的地址为 0x100 以上。一般的变量定义可以放在这一区域。

MY_ZEROPAGE——特指第 0 页数据段，地址范围 0x00～0xff，但实际用户可用的空间不到 256 字节，因为前面的一些地址空间已经分配给了片内寄存器。需要频繁或快速存取的变量应该指定放在这一特殊区域，特别是位变量。数据段名称必须和 prm 文件中的数据段配置说明相关连才能真正发挥其定位作用。如果命名的数据段在 prm 文件中没有特别说明，那此数据段的性质等同于 DEFAULT 数据段，它主要的目的是告诉编译器此段数据可适用的寻址模式。不同的寻址模式所用的指令数量和运行时间都不同。对于 08 系列单片机，第 0 页数据段可以用 8 位地址进行直接快速寻址，故对应此数据段应尽量指明其属性为 "__SHORT_SEG"。对于一般数据段没有属性描述，其缺省是 "_FAR_SEG"，将用 16 位地址间接寻址。

【例】

```
#pragma DATA_SEG __SHORT_SEG MY_ZEROPAGE        //开始 0 页数据定义
volatile struct
{
    unsigned powerOn : 1;
    unsigned alarmOn : 1;
    unsigned commActive : 1;
    unsigned sysError : 1;
} myFlag;
volatile word msCounter;
byte i,j,k;
#pragma DATA_SEG DEFAULT                  //开始普通数据段定义(结束 0 页数据段)
byte tmpBuff[16];
```

◆　#pragma CONST_SEG

定义一个常数数据段，必须和变量的 const 修饰关键词配合使用。其语法形式为：

#pragma CONST_SEG 名称

该数据段下定义的所有数据将被放置在程序只读的 ROM 区，也就是 08 系列单片机内的 Flash 程序空间区。常数段名称可以由用户自由定义，但一般用 "DEFAULT"，让连接器按可用的 ROM 区域自由分配变量位置。

举例如下：

```
#pragma CONST_SEG DEFAULT
const byte prjName[]= "This is a demo";
const word version = 0x0301;
#pragma CONST_SEG DEFAULT
word version = 0x0301; //没有 const 该变量将被放置在 RAM 区！
#pragma DATA_SEG DEFAULT
const word version = 0x0301; //尽管有 const 但该变量将被放置在 RAM 区！
```

◆　#pragma INTO_ROM

功能类似于 "CONST_SEG"，和变量修饰词 "const" 配合使用。但它只定义一个常数变量到 ROM 区，且只作用于紧接着的下一行定义。

[例]

```
#pragma INTO_ROM
const byte prjName[]= "This is a demo";     //变量将被放置在 ROM 区
word verData = 0x0301;                       //变量将被放置在缺省 RAM 区
```

◆　#pragma CODE_SEG

用以定义程序段并赋以特定的段名，语法形式如下：

#pragma CODE_SEG <属性>名称

一般的程序设计是无需对代码段做特殊处理的。因为所有传统的 08 系列单片机其程序空间都不超过 64KB(16 位寻址最大范围)且在内存地址中呈线性连续分布。对于项目中所有的代码文件或库文件，连接器会在最后按程序模块出现的先后顺序挨个安排所有程序函数在内存中所处的位置，用户不必关心某一个函数的具体位置。但最新推出的几款 8 位机程序空间将超过 64 KB，这样内存空间必须以页面型式映射到首 64KB 地址空间，所以其对应的程序段属性要特殊声明。

某些特殊的设计需要将不同部分的程序分别定位到不同的地址空间，例如实现程序代码自动下载更新。这样的设计需要把负责应用程序下载更新的驱动代码固定放置在一个保留区域内，而把一般的应用程序放置在另外一个区域以便在需要时整体擦除后更新。这时就需要用 CODE_SEG 来分别指明不同的程序段，但还必须配合 prm 文件对程序空间进行分配和指派。代码段的属性一般都用缺省的__FAR_SEG，表明所有的函数调用都是长调用(对应汇编指令为 JSR)。但 C08 和 S08 系列单片机支持效率更高的函数短调用(对应汇编指令为 BSR)，如果某一个功能模块含有多个相互调用的小函数且函数调用间距不超过+127或-128 字节，则可以将这部分代码段声明为短调用属性(_NEAR_SEG)。但实际编程时由于 C 代码对应的汇编指令长度不容易估测，所以短调用属性很少使用。

【例】

```
//定义缺省的代码段，缺省属性为远调用
    #pragma CODE_SEG   DEFAULT
    void main(void)
    {
    ...
    }
//定义名字为 FUNC_CODE 的代码段，缺省属性为远调用
    #pragma CODE_SEG   FUNC_CODE
    void MyApp(void)
    {
    }
//定义远调用的程序段，段名为 BOOTLOAD
    #pragma CODE_SEG   __FAR_SEG BOOTLOAD
    void BootLoader(void)
    {
    }
//定义近调用的程序段，段名为 KEYBOARD
#pragma CODE_SEG   __NEAR_SEG KEYBOARD
    void KeyDebounce(void)
    {

        ...
```

```
            }
            byte KeyCheck(void)
            {
            ...
            }
            void KeyBoard(void)
            {
            if (keyCheck())
            {
            KeyDebounce();
            ...
            }
        }
```

◆ #pragma TRAP_PROC

用于定义一个函数为中断服务类型。对于此类型的函数，编译器在将 C 代码编译成汇编指令时会在代码前后增加必要的现场保护和恢复的汇编代码，同时函数的最后返回用汇编指令 RTI 而不是针对普通函数的 RTS。

【例】

```
    #pragma TRAP_PROC
    void SCI1_Int(void)        //定义 SCI1 的中断服务程序
    {
    ...
    }
```

注意：用 TRAP_PROC 定义的中断服务函数其实际中断矢量地址必须由 prm 文件指派。

◆ #pragma MESSAGE

这个声明用以控制编译信息的显示。一般情况下这些编译信息用于告警和报出错误信息。但有时我们会按单片机的工作特性编写一些代码，这可能会导致一些告警信息的产生。

【例】

```
    #pragma MESSAGE DISABLE C4002 //忽略"Result-not-used"告警
        //================================================
        // 1 号串口数据接收中断服务程序
        // 串口与主板之间的通信配置为双工通信
        //================================================
        void interrupt 17 sci11_Receive_ISR(void)
        {
            SCI1S1;          //读一次状态寄存器清除中断标志，会产生 C4002 告警
            sci1RxFifo[sci1FifoPut] = SCI1D;
            sci1FifoPut++;
            sci1FifoPut &= (SCI1_RXFIFO_SIZE-1);
        }
```

如果不想频繁看见编译器给出的这一类信息，可以先确认这一信息的编号，然后用#pragma MESSAGE 加上 DISABLE 关键词和信息号将它屏蔽。如果你想特别关注某类信息，可以用 ENABLE 让其永远显示出来。

5) 中断服务函数编写

编写中断函数几乎是每一个单片机项目开发必需的一个内容。在 CW 中针对 08 系列单片机的中断函数编写有三种方式。

◆ 用关键词 interrupt 和中断矢量编号定义中断函数

这种方式最直观也最简单，缺点是程序的可移植性稍差。上面已经给出了实现的范例。关键词 interrupt 告诉编译器此函数为中断服务函数，数字"17"告诉连接器该中断矢量的偏移位置(以复位矢量偏移为 0 计)。某一个中断响应对应的矢量入口编号可以在该芯片的数据手册中查到。

◆ 用关键词 interrupt 定义中断函数，中断矢量入口由 prm 文件指定

仍以上面的中断服务函数为例，这时函数的定义方式为：

```
void   interrupt   sci11_Receive_ISR(void)
{
...
}
```

然后在项目对应的 prm 文件中添加一行矢量位置定义：

VECTOR 0 _Startup //系统缺省的复位矢量入口

VECTOR 17 sci11_Receive_ISR //指定的中断服务矢量入口

◆ 用#pragma TRAP_PROC 定义中断函数，中断矢量入口由 prm 文件指定

实际上就是用前面介绍的#pragma TRAP_PROC 定义中断函数，再按照和 interrupt 相同的方法在 prm 文件中指定矢量入口，不再重复。

2. prm 文件

prm 文件中可以添加注释，语法和 C 语言相同，可以是"/*…*/"或"//"。一个标准的 prm 文件实例起始内容如下：

```
/* This is a linker parameter file for the AW32 */
NAMES END /* CodeWarrior 通过命令将所需要的文件传递给连接器，不过也可以添加自己的
配置 */
    SEGMENTS /* PLACEMENT 以下区域列出了设备的 RAM/ROM 区*/
    ROM = READ_ONLY 0x8000 TO 0xFFAF;
    Z_RAM = READ_WRITE 0x0070 TO 0x00FF;
    RAM = READ_WRITE 0x0100 TO 0x086F;
    ROM1 = READ_ONLY 0xFFC0 TO 0xFFCB;
END

    PLACEMENT /* 所有预定义和用户段都放在前面所定义的 SEGMENTS 段中*/
    DEFAULT_RAM INTO RAM;
```

```
        DEFAULT_ROM, ROM_VAR, STRINGS INTO ROM;
        _DATA_ZEROPAGE, MY_ZEROPAGE INTO Z_RAM;
    END


    STACKSIZE 0x50
    VECTOR 0 _Startup
    /*  复位向量，应用程序默认的入口点*/
```

prm 文件组成结构

按所含的信息，prm 文件有五个组成部分：

◆　NAMES… END

该部分用以指定在连接时加入除本项目文件列表之外的其它的目标代码模块文件，这些文件都是事先经 C 编译器或汇编器编译好的机器码目标文件而不是源代码文件。不过这种用法比较少见，因为可以在图 4-8 所示项目文件列表的 Libs 一栏中添加这些目标代码文件来实现同样的功能，而且由项目列表管理这些模块文件比较直观方便。

◆　SEGMENTS…END

该部分定义和划分芯片所有可用的内存资源，包括程序空间和数据空间。一般我们将程序空间定义成 ROM 把数据空间划分成第 0 页的 Z_RAM 和普通区域的 RAM，但实际上这些名字都不是系统保留的关键词，可以由用户随意修改。用户也可以把内存空间按地址和属性随意分割成大小不同的块，每块可以自由命名。

内存划分具体方式由 SEGMENTS 开始到 END 为止，中间可以添加任意多行内存划分的定义，每一行用分号";"结尾。

定义行的语法形式为：[块名] = [属性] [起始地址] TO [结束地址]；

其中，块名的定义和 C 语言变量定义相同，是以英文字母开头的一个字符串。属性可以有三种不同的类型。对于只读的 Flash-ROM 区属性一定是"READ_ONLY"，对于可读写的 RAM 区属性可以是"READ_WRITE"，也可以是"NO_INIT"。它们两者的关键区别是 ANSI-C 的初始化代码会把定位在"READ_WRITE"块中的所有全局和静态变量自动清零，而"NO_INIT"块中的变量将不会被自动清零。对于单片机系统，变量在复位时不被自动清零这一特性有时是很关键的。起始地址和结束地址决定了一内存块的物理位置，用 16 进制表示。

[例]

```
    SEGMENTS
    EEPROM = READ_ONLY 0x8000 TO 0x81FF;
    ROM = READ_ONLY 0x8200 TO 0xFFAF;
    Z_RAM = READ_WRITE 0x0070 TO 0x00FF;
    RAM = READ_WRITE 0x0100 TO 0x086F;
    END
```

[例]

以上是划分 Flash-ROM 区，定义 512 字节 EEPROM 区域。

```
SEGMENTS
ROM = READ_ONLY 0x8000 TO 0xFFAF;
Z_RAM = READ_WRITE 0x0070 TO 0x00FF;
RAM_KEEP = NO_INIT 0x0100 TO 0x010F;
RAM = READ_WRITE 0x0110 TO 0x086F;
END
```

以上是划分 RAM 区，定义 16 字节非自动清零的数据保留区。

用"SEGMENTS"只是从单片机的物理内存这一角度对其进行空间划分。源程序本身并不知道物理内存被分割和属性定义的这些细节。它们两者之间必须通过"PLACEMENT"建立联系。

◆ PLACEMENT…END

PLACEMENT…END 内所描述的信息是告诉连接器源程序中所定义的各类程序段和数据段的放置，即指明段应该具体放置到哪一个内存块中去。其语法形式为：

　　　　[段名1], [段名2],... [段名n] INTO [内存块名];

其中，段名就是在源程序中用"#pragma"声明的数据段、常数段或代码段的名字。如果用缺省名"DEFAULT"，则默认的数据段名为"DEFAULT_RAM"，代码段和常数段名为"DEFAULT_ROM"。若程序中定义的段名没有在"PLACEMENT"中提及，则将被视同为"DEFAULT"。几个相同性质但不同名字的段可以同时被指明放置到同一个内存块中，相互之间用逗号"，"分隔。"INTO"是系统保留的关键词，在这里为"放入"的意思。内存块名就是前面介绍的用"SEGMENTS"划分好的不同的内存块名字。

利用这些定位描述文本可以方便灵活且直观地将你的数据或代码定位到芯片内存任意可能的位置，从而实现某些特殊目的的应用。在下面的例子中，请注意各种段名、"PLACEMENT"和"SEGMENTS"之间的对应关系。

【例】

//prm 文件 PLACEMENT 定义：

```
PLACEMENT
DEFAULT_RAM INTO RAM;
DEFAULT_ROM, ROM_VAR, STRINGS INTO ROM;
_DATA_ZEROPAGE, MY_ZEROPAGE INTO Z_RAM;
EE_DATA INTO EEPROM;
END
```

//源程序编写：

```
#pragma CONST_SEG EE_DATA
const byte eeDataBuff[512]="123456";
```

【例】

将不同的代码段分别放置于不同的程序区：

//prm 文件 SEGMENTS 定义：

```
SEGMENTS
BOOT_SECTOR = READ_ONLY 0x8000 TO 0x87FF;
```

```
//2KB 作为加载引导专用区
ROM = READ_ONLY 0x8800 TO 0xFFAF;
Z_RAM = READ_WRITE 0x0070 TO 0x00FF;
RAM = READ_WRITE 0x0100 TO 0x086F;
END
```

//prm 文件 PLACEMENT 定义：

```
PLACEMENT
DEFAULT_RAM INTO RAM;
DEFAULT_ROM, ROM_VAR, STRINGS INTO ROM;
_DATA_ZEROPAGE, MY_ZEROPAGE INTO Z_RAM;
BOOT_LOADER INTO BOOT_SECTOR;
END
```

//源程序编写：

```
#pragma CODE_SEG BOOT_LOADER //定义专用的加载引导代码段
void CodeLoader(void)
{
...
}
#pragma CODE_SEG DEFAULT //普通代码段
void main(void)
{
...
}
```

[例]

定义非自动清零的数据段：

```
//prm 文件 SEGMENTS 定义：
SEGMENTS
ROM = READ_ONLY 0x8000 TO 0xFFAF;
Z_RAM = READ_WRITE 0x0070 TO 0x00FF;
RAM_KEEP = NO_INIT 0x0100 TO 0x011F; //32 字节非自动清零数据段
RAM = READ_WRITE 0x0120 TO 0x086F;
END
```

//prm 文件 PLACEMENT 定义：

```
PLACEMENT
DEFAULT_RAM INTO RAM;
DEFAULT_ROM, ROM_VAR, STRINGS INTO ROM;
_DATA_ZEROPAGE, MY_ZEROPAGE INTO Z_RAM;
DATA_PERSISTENT INTO RAM_KEEP;
END
```

//源程序编写：

```
#pragma DATA_SEG DATA_PERSISTENT //定义复位时非自定清零数据段
byte sysState;
word pulseCounter;
```

该部分将指派源程序中所定义的各种段，例如数据段 DATA_SEG、CONST_SEG 和代码段 CODE_SEG 被具体放置到哪一个内存块中。它是将源程序中的定义描述和实际物理内存挂钩的桥梁。

◆ STACKSIZE

该关键字定义系统堆栈长度，其后给出的长度字节数可以根据实际应用需要进行修改。堆栈的实际定位取决于RAM 内存的划分和使用情况。在常见的RAM线性划分且变量连续分配的情况下，堆栈将紧挨在用户所定义的所有变量区域的高端区域。但如果你将RAM 区分成几个不同的块，请确保其中至少有一个块能容纳已经定义的堆栈长度。

◆ VECTOR

该部分定义所有矢量入口地址。模板在生成 prm 文件时已经定义了复位矢量的入口地址。对于各类中断矢量用户必须自己按矢量编号和中断服务函数名相关联。如果中断函数的定义是用 interrupt 加上矢量号，则无需在这里重复定义。

4.3.4 start08.c 文件及启动过程

<Project Settings>(工程设置文件)目录下，有个 start08.c 文件，最后一段代码如下：

```
//-----------------------------------------------------------------------*
//函数名: _Startup *
//功 能: 1)初始化堆栈 *
// 2)调用 init()初始化 RAM，复制初始数据等 *
// 3)调用 main 函数 *
//参 数: 无 *
//返 回: 无 *
//说 明: (1)链接文件(Project.prm)中的语句：'VECTOR 0 _Startup'将复位向量设置为_Startup *
//
// (2)从链接文件生成的代码'_PRESTART'处调用 *
//-----------------------------------------------------------------------*
#pragma NO_EXIT
__EXTERN_C void _Startup(void)
{
    INIT_SP_FROM_STARTUP_DESC();
    __asm LDHX #0x0870;
    __asm TXS;//堆栈的初始化
    Init();
    __asm JMP main;
}
```

这段程序，包括设置堆栈，配置中断向量基址，分配 RAM 空间等，因此其代码与微处理器硬件体系架构关系密切，一般使用汇编语言实现。该文件不建议修改。CodeWarrior 启动模块程序实现步骤主要如下：

(1) 设置堆栈指针，使其映射到 RAM 空间。

(2) 初始化 RAM，复制初始数据。将初始化数据从 ROM 复制到 RAM。

(3) 跳转到主函数 main()执行。

start08.c 文件的开头部分有一个"#include <start08.h>"语句，所包含的"start08.h"头文件在安装目录的 "..\CodeWarrior for Microcontrollers V6.2\lib\HC08c\include" 文件夹中。用鼠标选取后，点击右键并选择"Find and Open Files…"可转到查看相应文件内容。

4.3.5　寄存器头文件 MC9S08AW60.h

MC9S08AW60.h 中定义了编程时访问寄存器时所需要的标识符，该文件一般不要修改。

以 AW60 中的 C 口的数据寄存器为例，MC9S08AW60.h 文件中有如下定义：

```
Typedef union
 {
     byte Byte;
     struct
     {
         byte PTCD0 :1; //C 口数据寄存器 0 位
         byte PTCD1 :1; //C 口数据寄存器 1 位
         byte PTCD2 :1; //C 口数据寄存器 2 位
         byte PTCD3 :1; //C 口数据寄存器 3 位
         byte PTCD4 :1; //C 口数据寄存器 4 位
         byte PTCD5 :1; //C 口数据寄存器 5 位
         byte PTCD6 :1; //C 口数据寄存器 6 位
         byte :1;
     } Bits;
     Struct
     {
         byte grpPTCD :7;
         byte :1;
     } MergedBits;
 } PTCDSTR;
 extern volatile PTCDSTR _PTCD @0x00000004;
 #define PTCD        _PTCD.Byte
 #define PTCD_PTCD0              _PTCD.Bits.PTCD0
 #define PTCD_PTCD1              _PTCD.Bits.PTCD1
 #define PTCD_PTCD2              _PTCD.Bits.PTCD2
 #define PTCD_PTCD3              _PTCD.Bits.PTCD3
```

#define PTCD_PTCD4	_PTCD.Bits.PTCD4
#define PTCD_PTCD5	_PTCD.Bits.PTCD5
#define PTCD_PTCD6	_PTCD.Bits.PTCD6
#define PTCD_PTCD	_PTCD.MergedBits.grpPTCD
#define PTCD_PTCD0_MASK	1U
#define PTCD_PTCD1_MASK	2U
#define PTCD_PTCD2_MASK	4U
#define PTCD_PTCD3_MASK	8U
#define PTCD_PTCD4_MASK	16U
#define PTCD_PTCD5_MASK	32U
#define PTCD_PTCD6_MASK	64U
#define PTCD_PTCD_MASK	127U
#define PTCD_PTCD_BITNUM	0U

这个定义看起来很复杂，其实也可以将它分解成几个很简单的部分来看。

(1) "Typedef union" 定义了一个联合体 PTCDSTR，其中包括一个字节定义和两个结构体 Bits 和 MergedBits 的定义。也就是说可以按照三种形式对寄存器进行访问。第一种访问形式是按照字节来进行访问。第二种形式是以 Bits 将每个位分别进行定义，因此可以按照位域来进行访问，这种访问方式可以访问到特定的位。显然第一种访问形式是无法做到这一点的。第三种访问形式可以以位组的形式来定义，因此位组的形式访问，即可以直接访问低 6 位，也可以访问第 7 位，实际上 C 口没有第 7 位，访问没有意义。

(2) "extern volatile PTCDSTR _PTCD @0x00000004;" 语句将该联合体定位到了地址 0x00000004。同时还将 PTCDSTR 等效为 _PTCD。

(3) "#define PTCD _PTCD.Byte" 语句将联合体 _PTCD(同 PTCDSTR)中的 Byte 定义为 PTCD。

这样在程序中，为方便起见，可以用 PTCD 对 C 口的数据寄存器按字节访问(同时，当引用到 PTCD 的时候，使用的是地址 0x00000004 中的内容)。也可以用 PTCD_PTCD0 来访问到第 0 位，其余位的访问也可以采取类似的形式。当然，也可以用 PTCD_PTCD 访问低 7 位。

(4) "#define PTCD_PTCD0_MASK 1U" 语句定义第 0 位的掩码，这样就可以利用掩码和 PTCD 相与的形式访问第 0 位。其余位也都同样定义了相应的掩码，并且可以采用类似的访问形式。

项目 5　流水灯设计

5.1　项目内容与要求

(1) 用 AW60 为控制器设计一个 8 位流水灯。
(2) 熟悉 CodeWarrior 的使用。
(3) 熟悉 GPIO 编程模型和软硬件设计方法。
(4) 熟悉软件调试方法。
(5) 进一步熟悉 AW60 最小系统的结构。
(6) 熟悉三合一写入器的使用。

5.2　项目背景知识

5.2.1　AW60 的 GPIO 概述

AW60 有 7 个 GPIO 口(即通用输入输出口)。每个 GPIO 口的名称是一位英文字母，分别是 A、B、C、D、E、F、G。AW60 的 7 个 GPIO 口的引脚分布如图 5-1 所示。

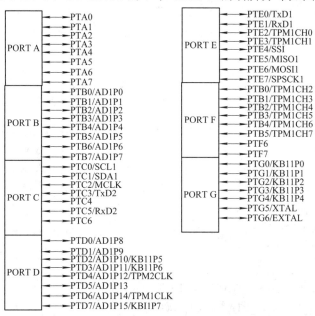

图 5-1　AW60 7 个 GPIO 口的引脚分布

在 AW60 的 7 个 GPIO 口中，A、B、D、E、F 口有 8 位口线，而 C、G 口有 7 位口线。多数引脚都有第二功能，甚至第三功能。各个口可以按字节访问，也可以按位访问。单片机复位后，这些引脚默认为 GPIO 口，并且是输入口。如果要选择第二或第三功能，就需要设置相应的功能模块寄存器。

5.2.2　AW60 的 GPIO 相关寄存器

和 GPIO 编程相关的寄存器有**数据方向寄存器**和**端口数据寄存器**，这两个寄存器都是 8 位寄存器，寄存器中的各个位从高到低与相应的口线一一对应。由于 GPIO 口有的有 8 个引脚，有的有 7 个引脚，因此没有对应的位是无效的，读/写没有任何意义。为描述方便，每个寄存器位都进行编号，其中最低位编号为 0，次低位编号为 1，以此类推，直至最高位编号为 7。

数据方向寄存器，顾名思义，就是控制其对应的 GPIO 口的引脚是用作输入引脚还是用作输出引脚，即每一位引脚是输入还是输出由数据方向寄存器中的对应位决定。数据方向寄存器中的位若为 0，则引脚为输入；若为 1，则引脚为输出；复位时为 0x00。

端口数据寄存器用来保存端口的数据。若对应输出引脚，则设置"端口数据寄存器"就可以在相应的引脚上输出相应的高电平或低电平；若对应输入引脚，则可通过端口数据寄存器获得该引脚的状态；复位时端口数据寄存器所有位为 1。

GPIO 模块寄存器的命名有一定的规范，所有寄存器都在 AW60 芯片寄存器及相关位定义头文件 MC9S08AW60.h 中定义。

以 A 口为例，MC9S08AW60.h 中与之相关的内容如下：

```
/*************** registers I/O map ***************/
//A 口数据寄存器相关内容
/*** PTAD - Port A Data Register; 0x00000000 ***/
typedef union
{
  byte Byte;
  struct {
    byte PTAD0        :1;                          /* A 口数据寄存器 0 位 */
    byte PTAD1        :1;                          /* A 口数据寄存器 1 位*/
    byte PTAD2        :1;                          /* A 口数据寄存器 2 位*/
    byte PTAD3        :1;                          /* A 口数据寄存器 3 位*/
    byte PTAD4        :1;                          /* A 口数据寄存器 4 位*/
    byte PTAD5        :1;                          /* A 口数据寄存器 5 位*/
    byte PTAD6        :1;                          /* A 口数据寄存器 6 位*/
    byte PTAD7        :1;                          /* A 口数据寄存器 7 位*/
  } Bits;
} PTADSTR;
//以上定义 union 类型，即 PTADSTR 可以按字节访问，也可以按位访问
extern volatile PTADSTR _PTAD @0x00000000;
//以上定义_PTAD 所在的地址
```

```
#define PTAD                            _PTAD.Byte
#define PTAD_PTAD0                      _PTAD.Bits.PTAD0
#define PTAD_PTAD1                      _PTAD.Bits.PTAD1
#define PTAD_PTAD2                      _PTAD.Bits.PTAD2
#define PTAD_PTAD3                      _PTAD.Bits.PTAD3
#define PTAD_PTAD4                      _PTAD.Bits.PTAD4
#define PTAD_PTAD5                      _PTAD.Bits.PTAD5
#define PTAD_PTAD6                      _PTAD.Bits.PTAD6
#define PTAD_PTAD7                      _PTAD.Bits.PTAD7
```
//以上定义按位访问 A 口数据寄存器的别名
```
#define PTAD_PTAD0_MASK                 1U
#define PTAD_PTAD1_MASK                 2U
#define PTAD_PTAD2_MASK                 4U
#define PTAD_PTAD3_MASK                 8U
#define PTAD_PTAD4_MASK                 16U
#define PTAD_PTAD5_MASK                 32U
#define PTAD_PTAD6_MASK                 64U
#define PTAD_PTAD7_MASK                 128U
```
//以上定义以字节访问各位时所对应的掩码
/*** PTADD - Data Direction Register A; 0x00000001 ***/
//数据方向寄存器相关内容,相关内容与 A 口数据寄存器相似
```
typedef union
{
    byte Byte;
    struct {
        byte PTADD0        :1;                    /* A 口数据方向寄存器 0 位*/
        byte PTADD1        :1;                    /* A 口数据方向寄存器 1 位*/
        byte PTADD2        :1;                    /* A 口数据方向寄存器 2 位*/
        byte PTADD3        :1;                    /* A 口数据方向寄存器 3 位*/
        byte PTADD4        :1;                    /* A 口数据方向寄存器 4 位*/
        byte PTADD5        :1;                    /* A 口数据方向寄存器 5 位*/
        byte PTADD6        :1;                    /* A 口数据方向寄存器 6 位*/
        byte PTADD7        :1;                    /* A 口数据方向寄存器 7 位*/
    } Bits;
} PTADDSTR;
extern volatile PTADDSTR _PTADD @0x00000001;
#define PTADD                           _PTADD.Byte
#define PTADD_PTADD0                    _PTADD.Bits.PTADD0
#define PTADD_PTADD1                    _PTADD.Bits.PTADD1
#define PTADD_PTADD2                    _PTADD.Bits.PTADD2
#define PTADD_PTADD3                    _PTADD.Bits.PTADD3
```

#define PTADD_PTADD4	_PTADD.Bits.PTADD4
#define PTADD_PTADD5	_PTADD.Bits.PTADD5
#define PTADD_PTADD6	_PTADD.Bits.PTADD6
#define PTADD_PTADD7	_PTADD.Bits.PTADD7
#define PTADD_PTADD0_MASK	1U
#define PTADD_PTADD1_MASK	2U
#define PTADD_PTADD2_MASK	4U
#define PTADD_PTADD3_MASK	8U
#define PTADD_PTADD4_MASK	16U
#define PTADD_PTADD5_MASK	32U
#define PTADD_PTADD6_MASK	64U
#define PTADD_PTADD7_MASK	128U

其余 GPIO 口都有类似定义，因此其中端口数据寄存器的名称是 PT+该端口的名称+D。端口输出方向寄存器的名称是 PT+该端口的名称+DD。所有寄存器的位编号从 0 开始，且最低位编号为 0。因此我们可以用 PTBD 标识符来访问 B 口数据寄存器，用 PTBDD 标识符来访问 B 口数据方向寄存器。可以用 PTAD_PTAD0 标识符访问 A 口数据寄存器第 0 位。其他 GPIO 口访问方式类似。

5.3　项目硬件设计

流水灯硬件由 AW60 最小系统、LED 模块组成。AW60 最小系统参见图 3-8，在此不再赘述。带 LED 模块的流水灯硬件设计原理图如图 5-2 所示。由于 AW60 GPIO 驱动能力有限，因此需要外接驱动电路，该驱动电路是由 PNP 三极管构成的，三极管基极连接到 AW60 的 PTA 口，其负载为 LED，集电极电阻起限流作用。

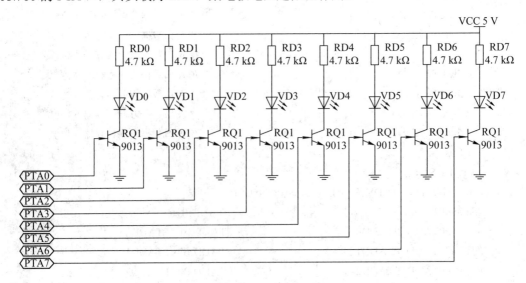

图 5-2　流水灯硬件设计原理图

5.4　项目软件设计

5.4.1　软件结构与流程设计

为便于软硬件集成，加快项目开发速度，降低开发难度，软硬件设计一般采用模块化设计。为方便软件重用和移植，一般将软件对照硬件模块或功能模块进行组织。为了方便使用或出于软件保密需要，一个软件模块一般组织为头文件和源程序代码两个部分，头文件包含一些函数声明和宏定义，而源程序文件是源代码，也可以是编译后的文件。在 CW 中，使用时只要先将这些文件加入到项目"source"文件夹中，同时利用 CW 开发平台的右击菜单中的"add files …"命令将相关文件加入到项目中，然后在程序中用"#include"宏命令包含模块头文件，就可以在程序中调用其头文件中声明的函数和宏定义。

C 语言程序总是从 main 主函数开始的，主函数可以调用其他函数。为此，可以将软件组织为更小的模块，其中的主程序模块可以调用其他模块中的函数。

根据硬件结构，流水灯项目软件可组织为主程序模块、MCU 模块、LED 模块和通用模块。通用模块中包含一个延时函数。

在按照 CW 工程建立向导所构建的项目框架中，CW 开发平台默认打开看门狗。看门狗有 watchdog timer(WDT)，实质上是一个计时器。看门狗启动后，该计时器开始计时，如果计时时间超过预定的值，MCU 就被复位。如果要避免复位，就需要 MCU 在其计时时间未达到预置值时将计时器值清零，也被称为喂狗。看门狗的主要作用是防止 MCU 死机或者说程序"跑飞"。而默认的程序框架中没有添加"喂狗"程序，从而干扰了程序的正常执行。由于"喂狗"需要计算程序运行时间，给程序设计带来了一定的不便。因此我们可以选择将看门狗关闭。此外 AW60 上电复位后，我们还需要做一些工作脉冲源选择、时钟选择等工作，我们将这些工作都打包为 MCU 模块。其相应的工作流程涉及相关寄存器，可以参考相关文献，在此暂时不做介绍，在后面将给出相关代码。

LED 模块较为简单，只是对涉及与之连接的端口寄存器进行初始化工作，其相应的工作流程很简单，对应的流程图不予描述。

延时模块主要是一个空操作循环，相当于程序运行到此处时停留一定时间。为保证人眼能观察到流水效果，每个 LED 灯的点亮时间要保持一定的时间，过短的时间将使流水频率过高，视觉上没有依次点亮的效果，过长也没有较好的视觉效果。因此每个 LED 灯点亮的时间要恰当，这个数值可以通过试验来确定。

流水灯的控制流程是从高(低)位开始依次点亮八个 LED 中的一个，其他 LED 则保持熄灭状态，当最低(高)位 LED 点亮后，再次从高(低)位开始重复点亮。我们选择先从低位开始点亮 LED。按照硬件设计，当口线上输出高电平(即口线上数据寄存器内容为"1")时，驱动管导通，对应的 LED 点亮；反之，当口线上输出低电平(即口线上数据寄存器内容为"0")时，对应的 LED 熄灭。将 0b0000 0001 送到 A 口数据寄存器，则图 5-2 中的 LED0 点亮，其他 LED 保持熄灭，再将 0b0000 0010 送到 A 口数据寄存器，则图 5-2 中的 LED1

点亮，其他 LED 保持熄灭。如此反复，直至将 0b10000000 送到 A 口数据寄存器，最高位
LED7 点亮，其他 LED 保持熄灭。从显示效果上看，点亮的灯从低位逐个移到最高位；从
A 口的数据寄存器中的数据来看，其中的数据"1"从低位逐次左移到最高位，左移至第 8

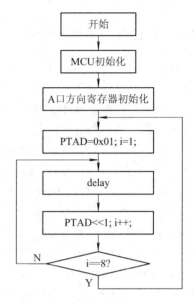

位，对应最高位 LED，这时再重新把 0b0000 0001
送到 A 口数据寄存器，重新从 LED0 开始点亮。

　　由于流水灯是通过 A 口来输出控制数据的，因
此 A 口的数据方向寄存器应设置为输出方向，即
PTADD=0b11111111，为书写方便用十六进制，则
PTADD=0xFF，也可以用十进制 255 进行赋值。这
就需要调用 LED 初始化模块中的相关函数。

　　此外，由于 LED 点亮需要一定的时间，即口线
上送出高电平，到人眼能觉察到其被点亮需要一定
的时间，同时由于人眼的视觉暂留效应，为了使人
眼能觉察到明显的"流水"效果，LED 点亮后要保
持一段时间，才能将高电平撤销。可以采用延时程
序来实现这个目标，此处调用通用模块中的 delay
延时函数。

　　综合以上分析，流水灯项目的软件流程图如图
5-3 所示。

图 5-3　流水灯程序流程图

5.4.2　软件代码设计

1. MCU 模块

```
//------------------------------------------------------------------------*
// 文件名: MCUInit.h                                                      *
// 说　明: AW60 系统初始化头文件                                          *
//------------------------------------------------------------------------*
#ifndef   MCUINIT_H
#define   MCUINIT_H
    //1 头文件
    #include "MC9S08AW60.h"              //映像寄存器地址头文件
    //2 宏定义
    #define EnableInterrupt() asm("CLI")     //开放总中断
    #define DisableInterrupt()   asm("SEI")  //禁止总中断
    //3 函数声明
    void MCUInit(void);               //芯片初始化
#endif
//---------------------------------------------------------------------------------*
// 文件名: MCUInit.c                                                              *
```

```
// 说明: AW60 系统初始化子程序，系统初始化设置,设置 ICGC1 和 ICGC2 寄存器, *
// SOPT 的寄存器设置，由外部晶振 f = 4 MHz，产生内部总线时钟 f = 20MHz          *
//--------------------------------------------------------------------------------------------------------*
//1 头文件
#include "MCUInit.h"
void MCUInit(void)
{
    SOPT = 0b01100000;                  //系统选项寄存器(一次写入)
    //         |||
    //         ||+------STOPE --- STOP allowed
    //         |+-------COPT ---- long timeout 2^18
    //         +--------COPE ---- COP off


    ICGC2 = 0b00110000;
    //         |||||||||              should write MFDx before ICGC1
    //         ||||||+-RFD0 \
    //         |||||+--RFD1    --- 分频因子 R=1
    //         ||||+---RFD2 /
    //         ||||+----LOCRE --- 丢失时钟信号后产生一个中断信号
    //         |||+-----MFD0 \
    //         ||+------MFD1    --- 锁频环倍乘因子 N = 10
    //         |+-------MFD2 /
    //         +--------LOLRE --- 锁频环失锁后产生一个中断信号(不复位)
    // FLL 初始化后，如果时钟丢失，LOCRE 将会被置位，强迫系统复位


    ICGC1 = 0b01111000;
    //         |||||||x
    //         ||||||+--LOCD ---- 允许检测时钟信号丢失 Lost of Clock
    //         |||||+---OSCSTEN - 在 OFF 模式下允许晶振电路
    //         ||||+----CLKS0 \ - 选择 FLL engaged external reference(FEE)
    //         |||+-----CLKS1 /    使用锁频环的外时钟模式
    //         ||+------REFS ---- 使用晶振(0 表示使用外时钟信号)
    //         |+-------RANGE --- 使用高频晶振(4MHz p=1) (1-1;0-64)
    //         +--------HGO ----- 低功耗


    //等待 FLL 稳定
    while(!ICGS1_LOCK);
}
```

2. 通用模块

```
//-------------------------------------------------------------*
// 文件名: general.h (通用函数头文件)              *
// 说    明: 通用函数头文件                        *
//-------------------------------------------------------------*
#ifndef GENERAL_H                                    //防止重复定义
#define GENERAL_H

/* 1  头文件 */

/* 2  函数声明 */
 void delay(unsigned int count);                     //延时

 #endif
//---------------------------------------------------------------*
// 文件名: general.c                                *
// 说    明: 通用函数文件,包含一些通用函数,可自行添加函数   *
//---------------------------------------------------------------*

#include "general.h"      //包含通用函数头文件

//---------------------------------------------------------------*
// 函数名: delay()                                  *
// 功    能: 延时                                    *
// 参    数: count(小于 65535)                       *
// 返    回: 无                                      *
// 说    明: 无                                      *
//---------------------------------------------------------------*
void delay(unsigned int count)
{
 unsigned int i,j;
 for(j=0; j<count; j++)
     for(i=0; i<35000; i++)
         ;
 }
```

3. LED 模块

```
//-------------------------------------------------------------*
//文件名: port_a.h
```

```
//  说明：port_a 头文件                              *
//-----------------------------------------------------------*
#ifndef PORT_A_H
#define PORT_A_H
#include "derivative.h"
#include "MC9S08AW60.h"
void port_a(unsigned char k);
#endif


//-----------------------------------------------------------*
// 文件名：  LED 源程序文件                          *
// 说    明: 包含 A 口初始化函数                      *
//-----------------------------------------------------------*


#include "port_a.h"     //包含通用函数头文件
//-----------------------------------------------------------*
// 函数名：  port_a.c                                 *
// 说    明: 包含 A 口初始化函数                      *
//  参  数：k 为 1，A 口为输出口，否则 A 口为输入口   *
// 返    回: 无                                       *
// 说    明: 无                                       *
//-----------------------------------------------------------*
void port_a (unsigned char k)
{
 if (k==1)
      PTADD=0xff;
 Else
      PTADD=0x00;
}
```

4. 主程序模块

```
//#include <hidef.h> /* 包含中断允许宏*/
#include "derivative.h" /* 包括外围设备声明*/
#include "MCUinit.h"
#include "lshd.h"
#include "port_a.h"
#include "general.h"


void main(void)
```

```
{
    unsigned char i;
    DisableInterrupt();//禁止中断
    mcu_init();//MCU 初始化
    port_a_init(1);//A 口置输出模式
    while(1)
    {
    PTAD=0x01;
        //8 个 LED 依次点亮
            for(i=1;i<8;i++)
            {
            delay(10) ;//延时
            PTAD =PTAD<<1;
            }
    } /* 永不退出*/

}
```

5.5 项目建立与调试

按照前面的项目建立过程，在 Device and connection 中，选择设置 MCU 为 MC9S08AW60，连接类型先选为 Full Chip Simulation。在 Project Parameters 中勾选项目开发语言为 C 语言，项目名称为 lshd，项目保存文件夹为 D:\aw60(事先在 D 盘中建立好一个名为 aw60 的文件夹)。点击 finish 按钮(也可以在以后的对话框中直接点击 next 按钮，直至出现最后一个对话框，点击其中的 finish 按钮)，完成流水灯项目框架的建立。

根据前面所述，本项目软件包括芯片初始化模块，通用模块(其中含有延时函数)、流水灯控制模块。将鼠标移至项目管理窗口，右击鼠标，在出现的快捷菜单上点击 add groups，将 groups 名称改为 mcu，在 D:\aw60\lshdsource 文件夹中新建两个文本文件(即 txt 文件)，将其中的一个文件名改为 mcu.h，另外一个改为 mcu.c。需要特别提醒的是，这里的文件名包括后缀名，即原来 txt 后缀名要改为 h 或 c。如果新建的 txt 文本不显示 txt 后缀名，点击文件夹查看菜单，在文件夹选项中，勾选显示文件扩展名即可(具体操作在不同操作系统上有所不同，可参考相关网络信息)。再次右击项目管理器中的 mcu 组名，点击 add file 选项，出现文件选择对话框，定位到 D:\aw60\lshdsource 文件夹，选择刚才建立的文件，点击 add。左击 mcu，就可以看见组中出现了添加的文件。按照同样的方式，添加 general 和 lshd 组，并在对应的组中分别添加 main.c，general.h、general.c、lshd.h、lshd.c、mcu.h 和 mcu.c 文件，完成代码编辑。

完成编辑后，点击 进行编译，无误后，点击项目下拉菜单，将连接类型更改为 OpenSourceBDM，点击 ，出现 USBDM Configuration 对话框，如图 5-4 所示。

打开电源开关，若此时核心板未接扩展板，则需点击 Enable 复选框，点选 3.3V 单选按钮，再进行写入。若核心板接扩展板，且扩展板已接电源，则不用选择电压；若扩展板不接电源就需选择电压，否则会出现如图 5-5 所示的错误对话框。

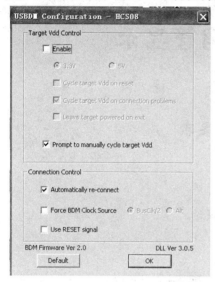
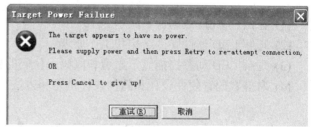

图 5-4　USBDM Configuration 对话框　　　图 5-5　电源失败对话框

　　选择无误后，将出现程序下载对话框，点击 OK 按钮进行程序下载，同时出现调试窗口，在调试窗口中点击 →|运行下载的程序，可以观察到流水灯的现象。

　　更改延时函数中的延时参数，观察程序运行效果。

设 计 小 结

　　1. 根据需求先进行硬件设计。

　　2. 根据硬件设计规划软件结构设计，尽可能实现软件模块化，以便于今后的移植和重用，降低软件开发难度，提高设计效率。

　　3. 软件重用要先将相关文件拷贝到项目 source 文件夹中，然后用右键快捷菜单中的 add files 命令将文件加入到项目中。

　　4. 端口操作主要涉及数据寄存器和方向寄存器操作。

习　　　题

　　1. AW60 中哪些端口不是 8 位的？

　　2. 端口寄存器有哪些访问形式？

　　3. 将本项目中的硬件设计中的 A 口改到 B 口，请完成软件设计。

项目 6　多位数码管显示

6.1　项目内容与要求

(1) 在四位 LED 数码管上显示 2015。
(2) 理解 LED 器件硬件结构和工作原理。
(3) 理解 LED 动态扫描显示原理和段码、位码的概念。
(4) 掌握数码管硬件设计和软件设计技巧和方法。

6.2　项目背景知识

6.2.1　LED 数码管结构和显示原理

LED 数码管(LED Segment Displays)是由多个长条形(在带小数点的数码管中还有圆形)的发光二极管按照"8"字形或"米"字形排列在一起组成，各二极管内部引线封装在一起，外部引出各个笔画的控制端和公共电极。数码管颜色有红，绿，蓝，黄等几种。LED 数码管广泛用于仪表、时钟等数字和部分字符信息显示场合。

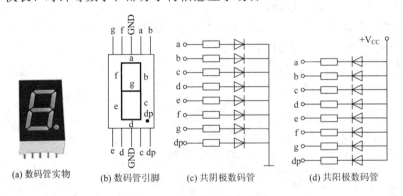

| (a) 数码管实物 | (b) 数码管引脚 | (c) 共阴极数码管 | (d) 共阳极数码管 |

图 6-1　数码管结构与种类

图 6-1(a)所示为一个带小数点的"8"字形数码管实物，该数码管共由八段 LED 发光二极管构成，各段分别以 a、b、c、d、e、f、g、dp 进行标识。各段排列如图 6-1(b)所示。

LED 数码管有两大类，一类是共阳极数码管，另一类是共阴极数码管，共阴极就是 8 个 LED 二极管的阴极接在一起，共用一个电源的负极，是高电平点亮，其连接如图 6-1(c)所示。

使用时，公共阴极接低电平(一般接地)，其他管脚作为控制输入。当某控制端的输入端为高电平时，则该端所连接的段导通并点亮，根据发光段的不同组合可显示出各种数字或字符。共阳极就是 8 个 LED 二极管的阳极接在一起，共用一个电源的正极，是低电平点亮，其连接如图 6-1(d)所示。使用时公共阳极接高电平(一般接电源)，其他管脚做控制输入端。当某控制输入端为低电平时，则该端所连接的段导通并点亮。同样，根据发光段的不同组合可显示出各种数字或字符。有时，控制端要能提供额定的段导通电流，还需根据外接电源及额定段导通电流来确定相应的限流电阻。

控制端 a、b、c、d、e、f、g 的不同电平输出组合就能显示不同的数字或字母，这些编码就称为段码，也称字形码。表 6.1 给出了共阴极、共阳极 LED 数码管段码。

从表中可以看出，共阴极、共阳极 LED 数码管在显示同一个数字时，对应的段码之和为 0xFF。这样知道其中一种字形码就能计算出另外一种数码管的字形码。在程序中只需定义一种编码，以节省内存资源。

表 6.1 共阳数码管与共阴数码管段码表

显示字符	共阴极段码	共阳极段码	显示字符	共阴极段码	共阳极段码
0	3FH	C0H	C	39H	C6H
1	06H	F9H	D	5EH	A1H
2	5BH	A4H	E	79H	86H
3	4FH	B0H	F	71H	8EH
4	66H	99H	·	80H	7FH
5	6DH	92H	P	73H	82H
6	7DH	82H	U	3EH	C1H
7	07H	F8H	T	31H	CEH
8	7FH	80H	Y	6EH	91H
9	6FH	90H	8.	FFH	00H
A	77H	88H	"灭"	00H	FFH
b	7CH	83H	⋮ 自定义	⋮	⋮

将多个数码管的相同控制端接在一起，且将各个公共端分别引出就构成了多位数码管，这些公共端被称为位选端。四位数码管实物及其内部连线如图 6-2 所示。可以看出，所有数码管的 8 个显示输入控制端 a、b、c、d、e、f、g、dp 的同名端连在一起，每个数码管的公共极单独引出，作为位选通控制端。

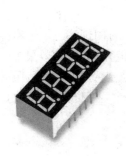 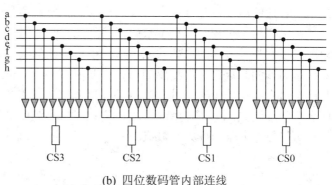

(a) 四位数码管图   (b) 四位数码管内部连线

图 6-2 多位数码管及其内部连线

多位数码管在实际使用时，通过控制位选端和段码的输入在不同的位显示不同的数字或字符。

6.2.2　LED 数码管驱动方式

用 AW60 控制单个数码管显示较为简单，数码管公共端根据数码管类型接地或电源，数码管的段码控制端接到 AW60 的 GPIO，将 GPIO 方向寄存器设为输出方向，GPIO 数据寄存器写入输出段码即可在数码管上显示相应的数字或字符。

多位数码管要正常显示，就要根据数码管的连接方式来选择不同的显示方式。根据数码管不同的连接方式，可以将其分为静态显示和动态显示两种。

1. 静态显示

多位数码管中的各个数码管之间相互独立，即各个数码管的公共端恒定接地(共阴极)或接正电源(共阳极)。各个数码管的段段由不同 GPIO 口进行控制时，一般采用静态显示方式。静态显示时，各个数码管在显示某一字符时，相应的发光二极管恒定导通或恒定截止。每个数码管的 8 个段分别与一个 8 位 I/O 口相连，I/O 口只要有段码输出，相应字符即显示出来，并保持不变，直到 I/O 口输出新的段码。采用静态显示方式，较小的电流即可获得较高的亮度，编程简单，显示便于监测和控制，但其占用的口线多，连线较为复杂，成本高，只适合于显示位数较少的场合。

2. 动态显示

多位数码管按图 6-2(b)的方式连接，由于其控制线少，因此是应用最为广泛的显示方式之一。

动态显示中，所有数码管的 8 个显示输入控制端 a、b、c、d、e、f、g、dp 的同名端连在一起，因此段码输入控制端只需要 8 位。位选控制端则由各自独立的 I/O 线控制。当段码控制端输入段码时，所有数码管都接收到相同的字段码，但究竟哪个数码管会显示出字形，取决于位选控制端的输入。比如共阴极数码管，将位选控制端送入低电平，而其他数码管的位选控制端送入高电平，这样，送入低电平的数码管就显示出字形，而其他的位选控制端送入高电平的数码管就不会有任何显示。对共阳极数码管，将位选控制端送入高电平，其他数码管的位选控制端送入低电平，这样，送入高电平的数码管就显示出字形，而其他的位选控制端送入低电平的数码管不会有任何显示。如此，只需要将位选控制端分时轮流送入合适的电平，配合相应的段码输入，就使各个数码管轮流受控显示，这就是动态驱动。在轮流显示过程中，每位数码管的点亮时间要保持在合适的值，才能利用人的视觉暂留现象及发光二极体的余辉效应，给人稳定的视觉效果，不会有闪烁感。尽管实际上各个数码管并非同时点亮，但只要扫描的速度足够快，动态显示和静态显示的效果是一样的，且能够节省大量的 I/O 口线，而且功耗更低。当然整个数码管显示周期应有所限制，过长将会有闪烁现象，过短则会导致显示亮度太暗或产生重影，因此显示位数也不能过多，具体计算可以参考人眼闪烁频率数值。

6.3　项目硬件设计

本项目硬件主要包括 AW60 最小系统与 LED 四位数码管两个部分。其中 LED 四位数码管模块如图 6-3 所示，数码管的 8 个段码控制端与 AW60 的 PTB 口 8 个位线分别连接，PTD 口第 0、1、4、5 口位线分别通过限流电阻与各位数码管的驱动三极管基极相连。各数码管的位选端依次与驱动三极管的集电极连接。

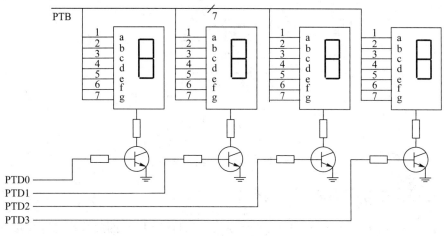

图 6-3 硬件设计

6.4 项目软件设计

6.4.1 软件结构与流程设计

根据硬件结构，本项目的软件由 MCU 模块、LED 数码管模块、B 口模块、D 口模块、通用模块构成。其中数码管模块包含接口初始化函数和动态显示函数。动态显示函数其对应的程序流程如图 6-4 所示。

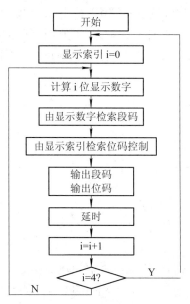

图 6-4 四位 LED 动态显示流程图

　　而 B 口模块和 D 口模块主要用于配置段码、位码所接端口的工作模式。

　　主程序完成 MCU 初始化和 LED 接口初始化后，调用 LED 显示函数进行数字显示，其对应的程序流程如图 6-5 所示。

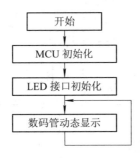

图 6-5　四位数码管显示主程序流程

6.4.2　工程建立与代码编辑及调试

　　由于本项目所用的 MCU 模块和 delay 模块与项目 5 相同，因此我们可以直接使用项目 5 中已有的程序代码。按照向导建立项目框架后，新建好 mcu 组、general 组、shuma 组后，将项目 5 中的 mcu.h，mcu.c，general.h，general.c 文件拷贝到本项目 source 文件夹中，将鼠标指向相应的组名并右击工程，点击 add files 选项，将相应文件添加到组中。shuma 组中添加相应文件并根据流程图编辑 main.c 和 shuma.h、shuma.c。

　　在设计显示函数时，为方便逐位轮流显示，在程序中用数组来保存 0-9 数字的段码，段码存放顺序与数字排序一致，这样就可以根据数字直接在数组中检索到对应的段码。同样为方便控制四位数码管的位选通控制端，按照硬件结构，计算出各位数码管的位选通控制码，同样也保存在数组中，存放顺序与数码管显示顺序一致，以方便检索出位选通控制码。需要提醒的是位选信号送到驱动三极管中，而三极管基极与集电极是反相的，接口送出 1，实际送到数码管的位控制信号是 0，接口送出 0，实际送到数码管的位控制信号是 1，因此在计算位控制码时要注意。此外，待显示的数字也保存在数组中。

　　mcu.h，mcu.c，general.h，general.c 文件参见项目 5，不再赘述。

1. LED 数码管模块

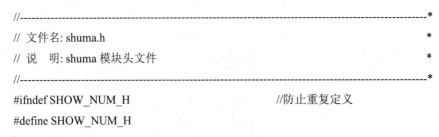

```
//---------------------------------------------------------------*
// 文件名: shuma.h                                               *
// 说　明: shuma 模块头文件                                      *
//---------------------------------------------------------------*
#ifndef SHOW_NUM_H                        //防止重复定义
#define SHOW_NUM_H


    /* 1 头文件 */
    #include "MC9S08AW60.h"        //映像寄存器地址头文件
    #include "general.h"           //代码中用到延时，因此将此文件包含进来
```

/* 2　函数声明　*/

void show_num(unsigned int num,unsigned int delay_time);

#endif

//--*
// 文件名: shuma.c　　　　　　　　　　　　　　　　　　　　　　　　　　　　　*
// 说　　明: shuma 模块源程序文件　　　　　　　　　　　　　　　　　　　　　*
//--*

#include "show_num.h"　　//包含模块头文件
　　//常量定义
　　//显示码表 (共阴极)
　　const unsigned char zi_xing[10] =
　　// 0　　　1　　　2　　　3　　　4　　　5　　　6　　　7　　　8　　　9
　　{0x3F,0x06,0x5B,0x4F,0x66, 0x6D,0x7D,0x07,0x7F,0x6F};

　　//位选表　(电平为高)
　　const unsigned char wei_xuan[4] =
　　// 0　　　1　　　2　　　3
　　{0x01,0x02,0x10,0x20};
　　//0x01=0b00000001,对应选通最低位(注意, 位选信号送到驱动三极管中, 而三极管基
　　//极与集电极是反相的, 接口送出 1, 实际送到数码管的位控制信号是 0, 接口送出 0,
　　//实际送到数码管的位控制信号是 1)。其余以此类推。

　　//显示码表(共阳极)
　　// const uint8 Dtable[10] =
　　//　0　　　1　　　2　　　3　　　4　　　5　　　6　　　7　　　8　　　9
　　//　 {0xC0,0xF9,0xA4,0xD0,0x99, 0x92,0x82,0xF8,0x80,0x90};

　　//片选表　(电平为低片选)
　　//const uint8 CStable[4] =
　　//　0　　　1　　　2　　　3
　　// {0xDF,0xEF,0xFD,0xFE};

//--*
// 函数名: show_num　　　　　　　　　　　　　　　　　　　　　　　　　　　*
// 说　　明: shuma 模块源程序文件　　　　　　　　　　　　　　　　　　　　　*
// 参　　数: unsigned int num: 待显示的数; unsigned int delay_time: 延时时间　*
// 返回值: 无　　　　　　　　　　　　　　　　　　　　　　　　　　　　　*

```
//--------------------------------------------------------------------------------------*
void show_num(unsigned int num,unsigned int delay_time)
{
    unsigned char number[4]={0,0,0,0},i,j,duan,wei;
    PTDDD=0XFF;
    PTBDD=0XFF;
    j=num/1000;//利用类型转换，计算出显示第 1 位
    number[0]=j;
    num=num-j*1000;
    j=num/100; //利用除法和类型转换，计算出显示第 2 位
    number[1]=j;
    num=num-j*100;
    j=num/10; //利用除法和类型转换，计算出显示第 3 位
    number[2]=j;
    num=num-j*10;
    j=num/1; //利用除法和类型转换，计算出显示第 4 位
    number[3]=j;
    //以上求解出给出的数值中对应的显示数字
    for(i=0;i<4;i++)
    {
        duan=zi_xing[number[i]];//段码索引
        wei=wei_xuan[i]; //位码索引
        PTBD=duan;//送段码
        PTDD=wei; //送位码
        delay(delay_time); //延时
    }
}
```

2. D 口模块

```
//-----------------------------------------------------------*
// 文件名： ptd.h                                            *
// 说   明： D 口模块头文件                                   *
//-----------------------------------------------------------*
#ifndef PTD_H              //防止重复定义
#define PTD_H

    /* 1 头文件 */
    #include "MC9S08AW60.h"    //映像寄存器地址头文件
```

```
/* 2 函数声明 */
void ptd_mode(unsigned char mode);    //模式设置  mode 为 1 输出，0 为输入
    void ptd_set(void);     //PTD 口 1
    void ptd_clc(void);     //PTD 口 0
#endif
```

```
//----------------------------------------------------------------------------*
// 文件名: ptd.c                                                              *
// 说    明: D 口模块源程序文件                                               *
//----------------------------------------------------------------------------*
```

```
#include "ptd.h"      //包含模块头文件
```

```
//----------------------------------------------------------------------------*
// 函数名:   ptd_mode(unsigned char mode)                                     *
// 说    明:   设置 D 口输入输出模式                                          *
// 参    数: unsigned char mode: 设置 D 口方向寄存器，1 为输出，0 为输入      *
// 返回值: 无                                                                 *
//----------------------------------------------------------------------------*
```

```
void ptd_mode(unsigned char mode)
{
        if (mode==1)
            PTDDD=0XFF;
        else
            PTDDD=0X00;
}
```

```
//----------------------------------------------------------------------------*
// 函数名:   ptd_set(void)                                                    *
// 说    明:   置 D 口数据寄存器全 1                                          *
// 参    数: 无                                                               *
// 返回值: 无                                                                 *
//----------------------------------------------------------------------------*
```

```
void ptd_set(void)
{
     PTDD=0xff;
```

```
        }
//------------------------------------------------------------------*
// 函数名:   ptd_set(void)                                          *
// 说   明:  清 D 口数据寄存器全 0                                   *
// 参   数:  无                                                      *
// 返回值:  无                                                       *
//------------------------------------------------------------------*

        void ptd_clc(void)
        {
                PTDD=0x00;
        }
```

3. B 口模块

```
//------------------------------------------------------------------*
// 文件名:   ptb.h                                                  *
// 说   明:  B 口模块头文件                                          *
//------------------------------------------------------------------*
#ifndef PTB_H                                  //防止重复定义
#define PTB_H

        /* 1 头文件 */
        #include "MC9S08AW60.h"                //映像寄存器地址头文件

        /* 2 函数声明 */
        void ptb_mode(unsigned char mode);     //模式设置   mode 为 1 输出，0 为输入
        void ptb_set(void);     //PTB 口置 1
        void ptb_clc(void);     //PTB 口清 0
  #endif
```

```
//------------------------------------------------------------------*
// 文件名: ptb.c                                                    *
// 说   明: B 口模块源程序文件                                       *
//------------------------------------------------------------------*


//------------------------------------------------------------------*
// 函数名:   ptd_mode(unsigned char mode)                           *
// 说   明:  设置 B 口输入输出模式                                   *
// 参   数: unsigned char mode: 设置 B 口方向寄存器，1 为输出，0 为输入  *
```

```
// 返回值: 无                                                    *
//-------------------------------------------------------------*
void ptb_mode(unsigned char mode)
{
        if (mode==1)
                PTBDD=0XFF;
        else
                PTBDD=0X00;
}
//-------------------------------------------------------------*
// 函数名:  ptb_set(void)                                        *
// 说   明: 置 B 口数据寄存器全 1                                  *
// 参   数: 无                                                    *
// 返回值: 无                                                    *
//-------------------------------------------------------------*
void ptb_set(void)
{
     PTBD=0xff;
}


//-------------------------------------------------------------*
// 函数名:  ptb_ clc                                            *
// 说   明: 清 B 口数据寄存器全 0                                  *
// 参   数: 无                                                    *
// 返回值: 无                                                    *
//-------------------------------------------------------------*
void ptb_clc(void)
{
     PTDD=0x00;
}
```

4. 主程序模块

```
//-------------------------------------------------------------*
// 文件名:  main.c                                              *
// 说   明: 主函数                                               *
// 参   数: 无                                                    *
// 返回值: 无                                                    *
//-------------------------------------------------------------*
#include <hidef.h> /*  包含中断允许宏  */
```

```
#include "derivative.h" /* 包含外围设备声明 */
#include "general.h"
#include "MCUInit.h"
#include "ptb.h"
#include "ptd.h"
#include "show_num.h"
void main(void)
{
        unsigned int k=2015;//待显示的数值
        EnableInterrupts; /* 禁止中断 */
        MCUInit();
        ptd_mode(1);
        ptb_mode(1);
        for(;;)
        {
         show_num(k,10);
        } /* 永不退出 */

}
```

完成代码编辑经编译无误后，下载执行，即可观察到程序运行效果。

设 计 小 结

1. 本项目主要涉及多位数码管的动态扫描，动态扫描利用人眼的视觉暂留效应，与流水灯不同的是，轮流点亮频率较高时，视觉上也能得到一个稳定的显示，而流水灯频率较低时才有流水效果。

2. 软件设计方面涉及用给定数值提取各位的数码，主要是利用类型转换和各位所对应的模进行求解。

3. 为方便设计和段码的索引，利用数组保存显示数字的段码和位码。

习　　　题

1. 什么是段码？
2. 什么是位码？
3. 请指出动态扫描的不足。
4. 本项目段码没有考虑小数点，请根据 8 段 LED 数码管结构给出带小数显示时的共阴和共阳数码管的段码。
5. 仿照本项目，给出四位数码管上显示"20.15"的软件代码。

项目 7　液 晶 显 示

7.1　项目内容与要求

(1) 用 YM1602C 显示字符"welcome to wuxi city college!"。
(2) 理解 1602 液晶屏的工作原理。
(3) 掌握 1602 液晶屏与单片机的连接方法。
(4) 熟悉液晶显示电路设计。
(5) 掌握液晶屏显示程序的设计方法。

7.2　项目背景知识

7.2.1　液晶显示器概述

液晶显示器(简称 LCD)是嵌入式系统中使用非常广泛的显示器件。液晶显示器具有厚度薄、功耗低、适用于大规模集成电路直接驱动、易于实现全彩色显示的特点，目前已经被广泛应用在便携式电脑、数字摄像机、PDA 移动通信工具等众多领域。

液晶在施加电压时，排列变得有秩序，光线容易通过；不施加电压时，排列混乱，阻止光线通过。因此可以通过改变外部电压对其显示区域进行控制。

由于液晶显示器中每一个点在收到信号后就一直保持恒定的色彩和亮度，而不像阴极射线管显示器(CRT)那样需要不断刷新亮点，因此，液晶显示器的画质高且不会闪烁。液晶显示器都是数字式的，和 MCU 的连接更加简单可靠，操作更加方便。液晶显示器通过显示屏上的电极控制液晶分子状态来达到显示的目的，在重量上比相同显示面积的传统显示器要轻得多。相对而言，液晶显示器的功耗主要在其内部的电极和驱动 IC 上，因而耗电量比其他显示器要少得多。

液晶显示器的分类方法有很多种，按其显示方式分为段式、字符式、点阵式等；还可分为黑白显示器和彩色显示器；按驱动方式，可以分为静态驱动(Static)、单纯矩阵驱动(Simple Matrix)和主动矩阵驱动(Active Matrix)三种。

段式液晶显示器原理与 LED 数码管类似，即由条形液晶单元按照一定形式排列构成。

点阵式液晶显示器由 M×N 个显示单元组成。假设 LCD 显示屏有 64 行，每行有 128 列，每 8 列对应 1 字节的 8 位，即每行由 16 字节，共 16×8=128 个点组成，屏上 64×16 个显示单元与其内部的显示 RAM 区 1024 字节相对应，每一字节的内容和显示屏上相应位置的亮暗对应。例如，屏的第一行的亮暗由 RAM 区的 000H～00FH 的 16 字节的内容决定，当 000H = FFH 时，屏幕的左上角显示一条短亮线，长度为 8 个点；当(3FFH) = FFH 时，屏幕的右下角显示一条短亮线；当(000H) = FFH，(001H) = 00H，(002H) = 00H，…，(00EH) = 00H，(00FH) = 00H 时，屏幕的顶部显示一条由 8 段亮线和 8 条暗线组成的虚线。因此 RAM 区 1024 字节内容就决定了 LCD 显示的图形。

用 LCD 显示一个字符时比较复杂，因为一个字符由 6×8 或 8×8 点阵组成，既要找到和显示屏幕上某几个位置对应的显示 RAM 区的 6 个字节或 8 个字节，还要使每字节的一些位为"1"，其余位为"0"，为"1"的点亮，为"0"的不亮，这样才能组成某个字符。对于内部自带字符发生器的液晶显示器来说，显示字符就比较简单了，内部控制器根据 LCD 上显示区域的行列号及每行的列数计算出显示 RAM 对应的地址，设立光标，然后把要显示的字符送到字符发生器，字符发生器将在相应位置上送入该字符对应的显示代码，从而完成字符显示。

汉字的显示一般采用图形的方式，事先提取要显示的汉字的点阵码(一般用字模提取软件)，每个汉字占 32B，分左右两半，各占 16 B，左边为 1、3、5、…，右边为 2、4、6、…。根据在 LCD 上开始显示的行列号及每行的列数可找出显示 RAM 对应的地址，设立光标，送上要显示的汉字的第一字节，光标位置加 1，送第二个字节，换行按列对齐，送第三个字节……直到 32B 显示完就可以在 LCD 上得到一个完整汉字。

市面上液晶显示器产品以 LCD1602 和 LCD12864 为主。LCD1602 只能显示 ASCII 字符，可以显示两行，每行显示 16 个字符；而 LCD12864 属于图形类显示器件，由 128 列、64 行组成，既可显示 ASCII 字符，还可以显示汉字。LCD1602 字符液晶显示器绝大多数是基于 HD44780 液晶芯片的，控制原理是完全相同的显示器，因此针对 HD44780 的控制程序可以很方便地应用于市面上大部分的字符型液晶显示器。

由于本项目显示内容相对较少，因此选用 LCD1602 作显示器。

7.2.2　LCD1602 使用说明

LCD1602 采用标准的 14 脚(无背光)或 16 脚(带背光)接口，其实物如图 7-1 所示。

图 7-1　LCD1602 实物图

LCD1602 的主要技术参数如表 7.1 所示。各引脚接口功能说明如表 7.2 所示。

表 7.1　LCD1602 主要技术参数

显示容量	16 mm × 2 mm
芯片工作电压	4.5～5.5 V
工作电流	2.0 mA(5.0 V)
模块最佳工作电压	5.0 V
字符尺寸	2.95 mm × 4.35 mm(W × H)

表 7.2　LCD1602 引脚说明

编号	符号	引 脚 说 明	备注
1	VSS	电源地	
2	VDD	电源正极	
3	VO	液晶显示对比度调节	
4	RS	数据/命令选择端(H：数据模式；L：命令模式)	
5	R/W	读写选择端(H：读；L：写)	
6	E	使能端	
7	D0	数据 0	
8	D1	数据 1	4 位总线模式下，D0~D3 引脚断开
9	D2	数据 2	
10	D3	数据 3	
11	D4	数据 4	
12	D5	数据 5	
13	D6	数据 6	
14	D7	数据 7	
15	BLA	背光电源正极	不带背光的模块无此引脚
16	BLK	背光电源负极	

　　LCD1602 的控制器内部带有 CGROM，其中保存了厂家生产时固化在 LCD 中的点阵型数据显示编码，其内部字符表如表 7.3 所示。

　　0x20~0x7F 为标准的 ASCII 码，0xA0~0xFF 为日文字符和希腊文字符，其余字符码(0x10~0x1F 及 0x80~0x9F)没有定义。表中的字符代码与我们 PC 中的字符代码是基本一致的。因此我们在 DDRAM 中用 ASCII 码来指定显示的字符。内部控制器会根据 ASCII 码在CGROM中检索到对应的点阵字符显示码，这样就确定了相应字符。比如要想显示"A"，将"A"的 ASCII 码 41H 送到 DDRAM 中的 00 地址处，内部控制寄存器根据 41 检索到"A"的点阵显示码，然后在显示屏上就会显示字符"A"。

　　CGRAM 是留给用户自己定义特殊点阵型显示数据的区域，在此不再赘述。

　　LCD1602 的控制器内部带有 80×8 位的 RAM 缓冲区，即 DDRAM，其中存放待显示的字符的编码，且和显示屏的内容对应。其内部 RAM 地址映射与屏幕显示如图 7-2 所示。

LCD 默认显示在显示屏上的 2 行字符，每行16个字符

第一行	00	01	02	03	04	05	06	07	08	09	0A	0B	0C	0D	0E	0F	10	...	27
第二行	40	41	42	43	44	45	46	47	48	49	4A	4B	4C	4D	4E	4F	50	...	67

图 7-2　DDRAM 地址映射及屏幕显示

每行前 16 个地址中的字符可以直接显示,而后面地址中的字符需要通过移屏指令才能显示。默认情况下,显示屏上第一行的内容对应 DDRAM 中 00H 到 0FH 的内容,第二行的内容对应 DDRAM 中 40H 到 4FH 的内容。DDRAM 中 10H 到 27H、50H 到 67H 的内容是不显示在显示屏上的,但是在滚动屏幕的情况下,这些内容就可能被显示出来。需要注意的是在向数据总线写数据的时候,命令字的最高位总是为 1。因此这里列举的 DDRAM 的地址准确来说是 DDRAM 地址+80H 之后的值,

表 7.3　LCD1602 字符表

b4~b7 \ b3~b0	0000 (0)	0010 (2)	0011 (3)	0100 (4)	0101 (5)	0110 (6)	0111 (7)	1010 (A)	1011 (B)	1100 (C)	1101 (D)	1110 (E)	1111 (F)
0000 (0)	CGRAM(1)		0	@	P	\	p		—	タ	ミ	α	p
0001 (1)	(2)	!	1	A	Q	a	q	。	ア	チ	ム	ぅ	p
0010 (2)	(3)	"	2	B	R	b	r	Γ	イ	ツ	メ	β	θ
0011 (3)	(4)	#	3	C	S	c	s	⌐	ウ	テ	モ	ε	∽
0100 (4)	(5)	$	4	D	T	d	t		エ	ト	ヤ	μ	Ω
0101 (5)	(6)	%	5	E	U	e	u	・	オ	ナ	ユ	σ	ü
0110 (6)	(7)	&	6	F	V	f	v	ヲ	カ	ニ	ヨ	ρ	Σ
0111 (7)	(8)	'	7	G	W	g	w	ア	キ	ヌ	ラ	p	π
1000 (8)	CGRAM(1)	(	8	H	X	h	x	イ	ク	ネ	リ		X
1001 (9)	(2)	)	9	I	Y	i	y	ウ	ケ	ノ	ル	-1	ч
1010 (A)	(3)	*	:	J	Z	j	z	エ	コ	ハ	レ	i	千
1011 (B)	(4)	+	;	K	[	k	{	オ	サ	ヒ	ロ	×	万
1100 (C)	(5)	,	<	L	¥	l			ヤ	シ	フ	ワ	¢	円
1101 (D)	(6)	-	=	M	]	m	}	ユ	ス	ヘ	ン	ŧ	÷
1110 (E)	(7)	.	>	N	^	n	→	ヨ	セ	ホ	¨		n
1111 (F)	(8)	/	?	O	_	o	←	ッ	ソ	マ	°	Ö	■

　　LCD1602 通过 D0~D7 来接收显示指令和数据,内部 LCD1602 有指令寄存器 IR 和数据寄存器 DR。

　　1602 使用三条控制线:EN、R/W、RS。其中 EN 起类似片选和时钟线的作用,R/W 和 RS 指示了读、写的方向和内容。

　　在读数据(或者 Busy 标志)期间,EN 线必须保持高电平;而在写指令(或者数据)过程中,EN 线上必须送出一个正脉冲。

　　R/W、RS 的组合一共有四种情况,分别对应四种操作:

　　RS＝0,R/W＝0——表示向 LCD 写入指令;

　　RS＝0,R/W＝1——表示读取 Busy 标志;

　　RS＝1,R/W＝0——表示向 LCD 写入数据;

　　RS＝1,R/W＝1——表示从 LCD 读取数据。

　　这些读写操作时序分别如图 7-3 和图 7-4 所示。时序中相关时间参数取值如表 7.4 所示。

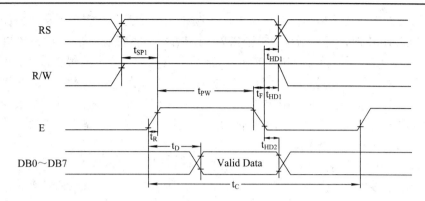

图 7-3　LCD1602 读操作时序

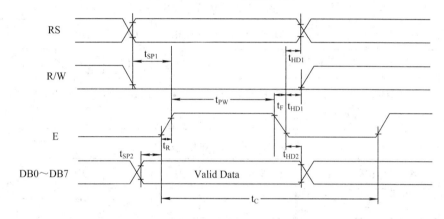

图 7-4　LCD1602 写操作时序

表 7.4　读写时序中的时间取值

模式	特　　性	符号	最小值	典型值	最大值	时间单位
写模式	E 周期时间	t_C	500	—	—	ns
	E 上升/下降时间	t_R, t_F	—	—	20	
	E 脉冲宽度(高，低)	t_{PW}	230	—	—	
	R/W 和 RS 建立时间	t_{SP1}	40	—	—	
	R/W 和 RS 保持时间	t_{HD1}	10	—	—	
	数据建立时间	t_{SP2}	80	—	—	
	数据保护时间	t_{HD2}	10	—	—	
读模式	E 周期时间	t_C	500	—	—	ns
	E 上升/下降时间	t_R, t_F	-	—	20	
	E 脉冲宽度(高，低)	t_{PW}	230	—	—	
	R/W 和 RS 建立时间	t_{SP1}	40	—	—	
	R/W 和 RS 保持时间	t_{HD1}	10	—	—	
	数据输出延迟时间	t_D	—	—	120	
	数据保护时间	t_{HD2}	5	—	—	

在读写操作中，要严格遵循时序要求，否则相关操作就会不成功。从时序图中可以看出，在读 LCD1602 时，先要给出 RS 与 R/W 控制信号，然后至少等待 40 ns，再给出 E 控制信号，该控制信号至少持续(230 + 20 + 20)ns 后可以从数据线上取得有效数据。在写入数据时，要先准备好写入数据，即先将输入数据送到数据线上，然后才能送出 E 控制信号，并至少保持(230 + 20 + 20) ns 后才能撤销高电平。保持时间可以通过延时来实现，也可以通过读取数据线的最高位实现，当最高位为 1，表示内部操作未完成，需要等待。直至最高位为 0，才能进行后续操作。

LCD 在使用的过程中，可以在 RS＝0、RW＝0 的情况下，向 LCD 写入一个字节的控制指令。各指令格式及作用分别如表 7.5 至表 7.15 所示。使用时可以通过查表来获得所需要的指令。

表 7.5　清显示指令

代码	RS	R/W	DB7	DB6	DB5	DB4	DB3	DB2	DB1	DB0
	L	L	L	L	L	L	L	L	L	H
功能	送 20H"空代码"到所有的 DDRAM 中，清除所有的显示数据，并将 DDRAM 计数器(AC) 清零，光标被移动到屏幕左上角									

表 7.6　返回指令

代码	RS	R/W	DB7	DB6	DB5	DB4	DB3	DB2	DB1	DB0
	L	L	L	L	L	L	L	L	L	X
功能	不改变 DDRAM 中的内容，只将 DDRAM 地址计数器(AC)清零，光标返回至原始状态									

表 7.7　输入方式设置指令

代码	RS	R/W	DB7	DB6	DB5	DB4	DB3	DB2	DB1	DB0
	L	L	L	L	L	L	L	H	I/D	SH
功能	设置光标移动方向并指定整体显示是否移动。I/D=1：光标由左向右移动且 AC 自动加 1。I/D=0：光标由右向左移动且 AC 自动减 1。SH=1 且 DDRAM 为写状态：整体显示不移动									

表 7.8　显示开关控制指令

代码	RS	R/W	DB7	DB6	DB5	DB4	DB3	DB2	DB1	DB0
	L	L	L	L	L	L	H	D	C	B
功能	D=1：整体显示打开。D=0：整体显示关闭，但 DDRAM 中的显示数据不变。C=1：光标显示开；C=0：不显示光标。B=1：光标闪烁；B=0：光标不闪烁									

表 7.9 光标或整体显示移位指令

代码	RS	R/W	DB7	DB6	DB5	DB4	DB3	DB2	DB1	DB0
	L	L	L	L	L	H	S/C	R/L	X	X

功能	S/C	R/L	对应操作							
	0	0	光标左移，AC 减 1							
	0	1	光标右移，AC 加 1							
	1	0	所有显示左移，光标跟随移位，AC 值不变							
	1	1	所有显示右移，光标跟随移位，AC 值不变							

表 7.10 功能设置指令

代码	RS	R/W	DB7	DB6	DB5	DB4	DB3	DB2	DB1	DB0
	L	L	L	L	H	DL	N	F	X	X

功能	设置接口数据位数以及显示模式。 DL=1：8 位数据接口模式；DL=0：4 位数据接口模式； N=1：两行显示模式；N=0：单行显示模式； F=1：5×11 点阵显示模式；F=0：5×8 点阵显示模式

表 7.11 CGRAM 地址设置指令

代码	RS	R/W	DB7	DB6	DB5	DB4	DB3	DB2	DB1	DB0
	L	L	L	H	ACG5	ACG4	ACG3	ACG2	ACG1	ACG0
功能	将 CGRAM 地址送入 AC 中									

表 7.12 DDRAM 地址设置指令

代码	RS	R/W	DB7	DB6	DB5	DB4	DB3	DB2	DB1	DB0
	L	L	H	ADD6	ADD5	ADD4	ADD3	ADD2	ADD1	ADD0

功能	将 DDRAM 地址送入 AC 中。 当功能设置 N=0 时，DDRAM 地址范围为 00H～4FH。 当功能设置 N=1 时，第一行 DDRAM 地址范围为 00H～27H。 第二行 DDRAM 地址范围为 40H～67H

表 7.13 读忙标志位及地址指令

代码	RS	R/W	DB7	DB6	DB5	DB4	DB3	DB2	DB1	DB0
	L	H	BF	AC6	AC5	AC4	AC3	AC2	AC1	AC0

功能	最高位(BF)为忙信号位，低 7 位为地址计数器的内容。 BF=1：内部正在执行操作，此时要执行下一条指令须等待，直到 BF=0 再继续

表 7.14 写数据指令

代码	RS	R/W	DB7	DB6	DB5	DB4	DB3	DB2	DB1	DB0
	H	L	D7	D6	D5	D4	D3	D2	D1	D0

功能	写数据到 DDRAM 或 CGRAM。 如果写数据到 CGRAM，要先执行"设置 CGRAM"命令。 如果写数据到 DDRAM，要先执行"设置 DDRAM"命令。 执行写操作后，地址自动加/减 1(根据输入方式设置指令)

表 7.15　读数据指令

代码	RS	R/W	DB7	DB6	DB5	DB4	DB3	DB2	DB1	DB0
	H	H	D7	D6	D5	D4	D3	D2	D1	D0
功能	从 DDRAM 或 CGRAM 读了 8 位数据。 如果从 CGRAM 读数据，要先执行"设置 CGRAM"命令。 如果从 DDRAM 读数据，要先执行"设置 DDRAM"命令。 执行读操作后，地址自动加/减 1(根据输入方式设置指令)。 执行 CGRAM 读数据后，显示移位可能不能正确执行									

最后，需要指出的是，LCD1602 是一种慢速显示器件，不能用于显示快速变化的信息，还需要其他类型的学生器件。

7.3　项目硬件设计

本项目硬件设计如图 7-5 所示。LCD1602 数据输入口连接到 AW60 的 A 口，E、R/W、RS 控制线分别与 AW60 的 F 口第 6 脚、C 口的第 6 脚、C 口的第 4 脚连接，背光功能不用，液晶显示对比度由可调电阻调节。

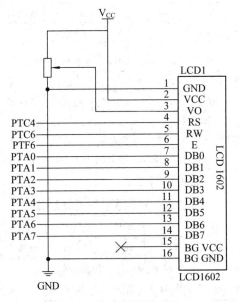

图 7-5　LCD 硬件设计图

7.4　项目软件设计

7.4.1　软件结构与流程设计

本项目软件由 MCU 模块、通用模块、LCD 模块构成。其中 LCD 模块主要进行接口初始化和显示方式设置。主程序在完成 MCU 初始化和 LCD1602 相关端口初始化后，通过向其发送命令，设置显示模式，选择显示开关与光标模式后进行字符写入与显示。由于 LCD1602 内部含有寄存器，具有锁存功能，因此在设置好显示模式和显示内容后即可自主显示，不再需要 MCU 控制，除非需要改变显示内容和模式。LED 数码管没有记忆功能，无法自主显示。具体流程图设计如图 7-6 所示。

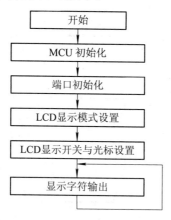

图 7-6　LCD 显示主程序流程图

7.4.2　程序代码设计

1. LCD 模块

```
//----------------------------------------------------------------------*
//文件名: lcd.h 头文件                                                  *
//说    明: lcd 模块头文件                                              *
//----------------------------------------------------------------------*
#ifndef LCD_H              //防止重复定义
#define LCD_H

  #include <MC9S08AW60.h>
    #include "general.h"
    /* 接口宏定义，以便在硬件设计变化后进行更改，方便程序移植*/
    #define lcd_data    PTAD
    #define lcd_e    PTFD_PTFD6
    #define lcd_rs PTCD_PTCD4
    #define lcd_rw PTCD_PTCD6

    /* 函数声明 */
void lcd_interface_init(void); //初始化 1602 器件与 MCU 接口
void lcd_init(void);//lcd 模式初始化设置
void lcd_command(unsigned char command);    //命令写入
```

```
    void lcd_data_input(unsigned char data);          //数据写入
    void lcd_print_char(unsigned char x,unsigned char y,unsigned char ch);  //单个字符显示
    void lcd_print_string(unsigned char *p_char);      //字符串显示


#endif


//----------------------------------------------------------------------*
// 文件名: lcd.c 文件                                                    *
// 说    明: lcd 模块源程序文件                                          *
//----------------------------------------------------------------------*
#include "lcd.h"
#include <string.h>
//#include <stdio.h>


//----------------------------------------------------------------------*
// 函数名: lcd_interface_init(void)                                      *
// 说    明: 初始化 1602 器件与 MCU 接口                                 *
// 参    数: 无                                                          *
// 返回值: 无                                                            *
//----------------------------------------------------------------------*

    void lcd_interface_init(void)
    {
        PTADD=0xFF;//A 口连接到 lcd 数据输入端，置其为输出模式
        PTFDD=PTFDD|0B01000000;//按位或，用 1 将对应位置 1,0 则不影响对应位状态
        PTCDD=PTCDD|0B01010000; //按位或，用 1 将对应位置 1,0 则不影响对应位状态
    }
//----------------------------------------------------------------------*
// 函数名: lcd_command(unsigned char command)                           *
// 说    明: 写入 LCD 命令                                               *
// 参    数:   unsigned char command，为命令代码                         *
// 返回值: 无                                                            *
//----------------------------------------------------------------------*
    void lcd_command(unsigned char command)
    {
        lcd_rs=0;
        lcd_rw=0;
        lcd_data    = command;
        //3 给出 E 信号的下降沿,使数据写入 LCD
```

```
        lcd_e=1;
        delay_us(10);
        lcd_e=0;
        // 等待 > 40us
        delay_us(1000);        //LCD 结束接收数据
    }
//-----------------------------------------------------------------------------------*
// 函数名: lcd_init(void)                                                          *
// 说   明: lcd 工作模式设置                                                       *
// 参   数: 无                                                                     *
// 返回值: 无                                                                       *
//-----------------------------------------------------------------------------------*

void lcd_init(void)
{
    //1 功能设置
    lcd_command(0b00111000); //5*7 点阵模式,2 行显示,8 位数据总线
    //                  |||
    //                  ||+--------设置点阵模式, 0 为 5*7 点阵, 1 为 5*10 点阵
    //                  |+---------设置显示行数, 1 为 2 行显示, 0 为 1 行显示
    //                  +----------设置数据接口位数,置 1 为 8 位数据总线,置 0 为 4 位数据总线


    //4 输入方式设置
    // 显示不移动,光标左移(A = 1), 数据读写操作后,AC 自动增 1
    lcd_command(0b00000110);
    //                  ||
    //                  |+------0-显示不移动,1-显示移动
    //                  +-------0-AC 自动减 1, 1-AC 自动增 1
    //3 清屏
    //3.1 清 DD RAM 内容,光标回原位,清 AC
    lcd_command(0b00000001);
    //3.2 等待清屏完毕,时间 > 1.6ms
    delay(4000);
    //2 显示开关控制
    lcd_command(0b00001111);   //不闪烁, 光标显示,开显示
    //                    |||
    //                    ||+------闪烁控制, 1-闪烁, 0-不闪烁
    //                    |+-------光标控制, 1-开光标, 0-关光标
    //                    +--------显示控制, 1-开显示, 0-关显示
```

```
                //5  光标或画面移位设置
                lcd_command(0b00010100);//光标右移一个字符位,AC 自动加 1
                //6  显示开关控制


    }
    //-------------------------------------------------------------------*
    // 函数名: lcd_data_input(unsigned char data)                        *
    // 说    明: lcd 显示数据输入                                          *
    // 参    数: unsigned char data，待显示数据的 ASCII 值                 *
    // 返回值：  无                                                        *
    //-------------------------------------------------------------------*
    void lcd_data_input(unsigned char data)
    {
        lcd_rs=1;
        lcd_rw=0;
        lcd_data   = data;
        //3  给出 E 信号的下降沿,使数据写入 LCD
        lcd_e=1;
        delay_us(10);
        lcd_e=0;
        //4  等待 > 40us
        delay_us(1000);          //LCD 结束接收数据
    }
    //-------------------------------------------------------------------*
    // 函数名: lcd_print_char(unsigned char x,unsigned char y,unsigned char ch)   *
    // 说    明: 在指定位置显示单个字符                                     *
    // 参    数: unsigned char x，指定行，为 1 是第一行，其他为第二行       *
    // 参    数: unsigned char y，指定列                                   *
    // 参    数: unsigned char ch，为待显示的字符                          *
    // 返回值：  无                                                        *
    //-------------------------------------------------------------------*
    void lcd_print_char(unsigned char x,unsigned char y,unsigned char ch)
    {
        if(x==1)
        {
            lcd_command(0x80+y);
        }
        else
        {
```

```
            lcd_command(0xc0+y);
        }
    lcd_data_input(ch);
}
//------------------------------------------------------------------------------------------*
// 函数名: lcd_print_ string(unsigned char *p_char)                                        *
// 说    明: 显示给定的字符串,从第一行开始显示,若长度小于16,第一行  *
//              显示,若长度大于16小于30,分两行显示(大于30不考虑)        *
// 参    数: unsigned char *p_char,指向待显示的字符串的指针                   *
// 返回值:  无                                                                            *
//------------------------------------------------------------------------------------------*

void lcd_print_string(unsigned char *p_char)
{
    unsigned char len,i;
    len=strlen(p_char);
    lcd_command(0b00010100);//光标右移一个字符位,AC 自动加 1
    if(len<=16)
    {
        for(i=0;i<len;i++)
        {
            lcd_print_char(1,i,*p_char);
            p_char++;
        }
    }
    else if(len>32)
    {
        //暂时不作处理
    }
    else
    {
        for(i=0;i<=16;i++)
        {
            lcd_print_char(1,i,*p_char);
            p_char++;
        }
        p_char--;
        for(i=0;i<len-16;i++)
        {
```

```
            lcd_print_char(2,i,*p_char);
            p_char++;
        }


    }


}
```

2. 主程序模块

```
//-----------------------------------------------------------------------------*
// 文件名:  main.c                                                             *
// 说    明:  主函数                                                            *
//-----------------------------------------------------------------------------*

        #include <hidef.h> /* */
        #include "derivative.h" /* 包括外围设备声明 */
        #include "MCUInit.h"
        #include "lcd.h"
        /* 函数声明 */

        void main(void)
        {
          unsigned char *str="welcome to wuxi city college";
          MCUInit();
          lcd_interface_init();//初始化 1602 数据输入端口、控制信号 E，RS，RW 端口
          lcd_init();
          lcd_print_string(str);
          while(1);
        }
```

代码编辑完成后，下载运行就可以观察到运行结果。

设 计 小 结

1. LCD1602 为带有寄存器的外部器件，不仅能够接收来自 AW60 的命令，用以配置其工作模式，还能接收来自 AW60 的数据。因此其软件设计不仅包括接口初始化，还包括工作模式设置。同时提供状态寄存器，以便控制器了解其状态。

2. LCD1602 接收命令和数据还需要控制信号的配合，因此软件设计要考虑操作时序。

习   题

本项目为满足时序要求，采用的是调用延时函数。延时函数与 MCU 的时钟有关，有时采用查询 LCD1602 的状态来进行比较方便，下面给出了 LCD1602 的忙等待函数，试用此函数改写本项目的软件设计。

```
void lcd_busy_wait(void)
{
    PTADD=0;
    lcd_rs=0;
    lcd_rw=1;
    lcd_e=1;
    while(lcd_state ==1);
    //PTADD=0xff;
}
```

项目 8　键 盘 输 入

8.1　项目内容与要求

(1) 在 LCD 液晶显示屏上显示所按下的键的键值。
(2) 独立完成单片机键盘电路的设计。
(3) 掌握键盘的扫描和按键识别控制程序的设计。
(4) 掌握中断的概念及中断程序设计方法。

8.2　项目背景知识

8.2.1　键盘

键盘是人机对话的重要组成工具，是人向机器发出指令、输入信息的重要设备。键盘的形式有以下两种：独立式键盘、矩阵式键盘。

1. 独立式键盘

独立式键盘是最简单的键盘，其结构如图 8-1 所示，每一个按键的电路是独立的，MCU通过一个口线来获得相应键的通断状态，键盘识别简单(键盘识别是指 MCU 判断出哪个键被按下)。8 个独立式键盘就需要占用 8 位 GPIO 口，这样键盘占用硬件资源多，因此只适合有少量按键的情况。

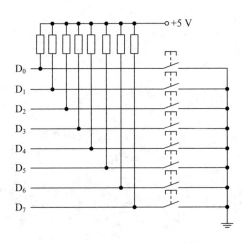

图 8-1　独立式键盘的结构

2. 矩阵式键盘

在人机交互时，有时需要很多键来输入不同的信息，独立键盘受限于标口线数量无法满足要求，这就需要使用矩阵键盘。图 8-2 所示为 4×4 矩阵键盘，键盘由 4 个行线、4 个列线以及行线列线交叉处的键盘构成。使用时只需要 8 个 GPIO 口与 4 条行线和 4 条列线相连，而键数量可达到 16 个，当然矩阵键盘识别相对较为复杂。

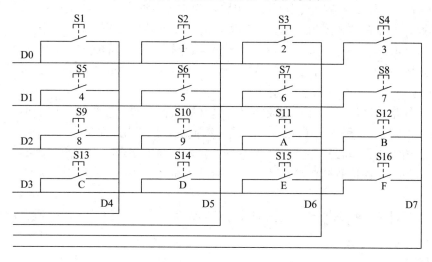

图 8-2　矩阵式键盘的结构

3. 键盘抖动及去抖

机械式按键在按下或释放时，由于机械弹性作用的影响，通常伴随有一定时间的触点机械抖动，然后才稳定下来。图 8-3(a)中的键盘按下时，A 点的输出电压如图 8-3(b)所示，由于键盘抖动，A 点电压在按下和释放时存在震荡现象。键按下时的抖动被称为前沿抖动，释放时的抖动被称为后沿抖动，抖动时间的长短与开关的机械特性有关，持续时间一般为 5～10 ms。

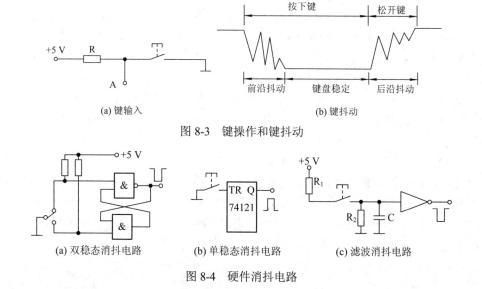

图 8-4　硬件消抖电路

　　在触点抖动期间检测按键的通断状态,可能导致判断出错,即按键一次被错误地认为是多次操作。为了克服按键触点机械抖动所致的检测误判,必须采取去抖动措施,这就是消抖。

　　消抖有两种方法,一种是硬件消抖。在键数较少时,可采用硬件去抖,在硬件上可采用在键输出端加 R-S 触发器(双稳态触发器)或单稳态触发器构成去抖动电路的方法。图 8-4(a)是一种由 R-S 触发器构成的去抖动电路,当触发器翻转,触点抖动不会对其产生任何影响。单稳态电路在被触发后,在暂态期间,对后续的触发将不做响应,因此也可以利用图 8-4(b)所示的单稳态电路进行消抖,只要参数合适,前后沿的抖动将不会改变电路的稳态输出。从图 8-3(b)中可以看出,键盘抖动时,键盘输出信号中高频成分较多,因此可以用 8-4(c)所示的 RC 滤波电路进行消抖。

　　另外一种是软件消抖。当键数较多时,可采用软件去抖。软件上采取的措施是在检测到有按键按下时,执行一个 10 ms 左右(具体时间应视所使用的按键进行调整)的延时程序后,再确认该键电平是否仍保持闭合状态电平,若仍保持闭合状态电平,则确认该键处于闭合状态。同理,在检测到该键释放后,也应采用相同的步骤进行确认,从而可消除抖动的影响。

　　此外还可以利用状态机、多次扫描等方法来进行消抖,但这些方法本质上还是延时方法的变种。

4. 键盘扫描

　　在矩阵键盘中,为了识别哪个键被按下,一般是采用扫描的方法。以图 8-2 中的 4×4 键盘为例,图中列线(D4～D7)通过电阻接 VCC(+5 V),当键盘上没有键闭合时,所有的行线和列线断开,列线 D4～D7 都呈高电平。当键盘上某一个键闭合时,则该键所对应的行线与列线短接。例如,第 2 排第 3 个按键被按下闭合时,行线 D1 和列线 D6 短接,此时 D6 线上的电平由 D1 的电位决定。那么如何确定键盘上哪个按键被按下呢?可以把列线 D4～D7 接到 MCU 的输入口,行线 D0～D3 接到 MCU 的输出口,则在 MCU 的控制下,使行线 D0 为低电平(0),其余三根行线 D1、D2、D3 都为高电平(1),并读列线 D4～D7 状态。如果 D4～D7 都为高电平,则 D0 这一行上没有键闭合,如果读出列线 D4～D7 的状态不全为高电平,那么为低电平的列线和 D0 相交的键处于闭合状态;如果判断出 D0 这一行上没有键闭合,接着使行线 D1 为低电平,其余行线为高电平,用同样方法检查 D1 这一行上有无键闭合;依此类推,最后使行线 D3 为低电平,其余的行线为高电平,检查 D3 这一行上是否有键闭合。也就是说使行线依次输出低电平,读取列线,根据列线的低电平所在列,结合行线低电平所在行就可以确定被按下键的行列位置。这种逐行逐列地检查键盘状态的过程称为对键盘的一次扫描。

　　由于 MCU 无法预知按键按下的时间,为了不遗漏按键信息,MCU 要持续不断地主动对键盘进行扫描。像这种 MCU 主动获知设备信息的处理方式被称为查询法。由于按键操作并不频发,持续不断的键盘扫描大多是无意义的操作,浪费了 MCU 运行时间,降低了 MCU 的利用率。在其他如打印机、传真机、定时器等设备中也存在类似的情况。为克服查询法的不足,需要采用一种称为"中断"的机制来提高 MCU 的利用率。

8.2.2 中断及其处理过程

1. 中断及其运行机制

查询法的优点是硬件开销小，使用起来比较简单。但在此方式下，CPU 要重复访问相关设备。当外设处于闲置或未准备好状态时，CPU 也只能进行这种无意义的访问，不能执行其他操作。在中断机制下，外部设备可与 CPU 并行工作，当需要 CPU 进行干预处理时，外部设备在一定的硬件支持下，通过接口电路向 CPU 发出中断请求信号；CPU 在满足一定的条件下，暂停当前正在执行的程序，转入执行已准备好的干预处理程序；处理程序执行完毕之后 CPU 立即返回，继续执行原来被中断的程序。

中断方式的原理如图 8-5 所示。

中断机制的引入可以实现 CPU 对外部设备的分时处理，消除了 CPU 的等待时间，提高了输入/输出数据的吞吐量。CPU 启动外部设备工作后，执行自己的主程序，此时外部设备也开始工作。当外设需要数据传输时，发出中断请求，CPU 停止它的主程序，转去执行中断服务子程序。中断处理结束以后，

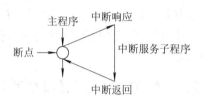

图 8-5 中断方式的原理

CPU 继续执行主程序，外部设备也继续工作。如此不断重复，直到数据传送完毕。此操作过程对 CPU 来说是分时的，即在执行正常程序时，接收并处理外部设备的中断请求，CPU 与外部设备同时运行，并行工作。中断机制的引入还可以实现实时处理。在实时处理系统中，要求 CPU 对出现的新情况立即做出处理，利用中断机制，CPU 就能实时地进行处理，特别是对紧急事件的处理。中断机制的引入使得故障自我诊断与处理成为可能。系统运行过程中，如果出现某些故障，如电源掉电、运算溢出等，CPU 可以利用中断系统自行处理。

2. 中断源

在中断机制中，凡是能够向 CPU 发出中断请求的设备或事件称为中断源。中断源向 CPU 发出中断请求信号需要借助相关接口电路，因此中断机制提高了系统的硬件开销。

3. 中断优先级

当系统中有多个设备向 CPU 发出中断请求信号时，就有 CPU 先响应哪一个设备的中断请求的问题，也就是优先级问题。CPU 总是响应优先级最高、中断请求信号最先被检测到的设备所发出的中断请求。

4. 中断响应

中断源向 CPU 发出中断请求，若其优先级别最高，且 CPU 内部允许中断及中断未被屏蔽当前指令执行完毕后，CPU 中断当前程序的运行，保护好被中断的主程序的断点及现场信息；然后，根据中断源提供的信息，找到中断服务子程序的入口地址，转去执行新的程序段，这就是中断响应。

5. 中断服务子程序

CPU 响应中断以后，就会中止当前的程序，转去执行一个中断服务子程序，以完成为相应设备的服务。中断服务子程序的一般流程如图 8-6 所示。

(1) 现场保护。由一系列的 PUSH 汇编指令完成。目的是为了保护那些与主程序相关的寄存器，如 PC，A，X 等，这些寄存器值将会保存在堆栈中。

(2) 开中断或关中断。开中断目的是为了能实现中断的嵌套，而关中断是避免中断的嵌套。

(3) 执行中断服务子程序。

(4) 现场恢复。通过一系列的 POP 汇编指令从堆栈中恢复中断响应时的现场保护中入栈的所有寄存器的值。

(5) 中断返回。中断返回使用指令汇编 RETI，不能使用一般的子程序返回指令 RET。

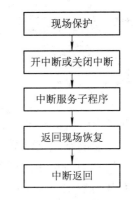

图 8-6　中断服务子程序的一般流程

中断的工作过程可分为中断请求、中断优先级判别、中断响应、中断服务和中断返回五大步骤。

8.2.3　AW60 中断资源及中断处理

1. AW60 的中断源

AW60 有 26 个中断源，按优先级从高到低的顺序是：复位中断(1 个)、SWI 指令中断(1 个)、引脚中断(1 个)、低电压检测中断(1 个)、ICG 中断(1 个)、定时器中断(10 个)、SPI 中断(1 个)、SCI 中断(6 个)、键盘输入中断(1 个)、ADC 转换完成中断(1 个)、I2C 中断(1 个)和实时中断(1 个)。

2. AW60 的中断向量表

为便于软件开发，引入中断向量的概念。中断向量是中断源所对应的中断服务程序的入口地址。这些入口地址都已固定，并且集中放在一段连续存储空间中，形成中断向量表。AW60 的 26 个中断源只有 18 个中断向量，这是因为有时几个中断源使用的是同一个中断向量。AW60 的中断向量如表 8.1 所示。

在 AW60 的 Flash 地址空间中，有一段用来存储中断向量表，这一段通常是最后的 Flash 页面。该区域每两个字节存储一个中断处理函数的地址，各个中断处理函数的地址共同组成一个逻辑上十分规则的区域——中断向量表。

中断向量表是一个指针数组，内容是中断函数的入口地址。S08 的中断向量从 0xFFCC 开始(不同的 MCU 中断向量起始地址是不相同的，使用时需要查阅相关的技术手册)，要使用预编译指令将中断向量表的首地址定义为 0xFFCC。

中断向量表格式：

```
void (const ISR_func_t ISR_vectors[ ])(void) =
  {
    中断处理函数名 1,
    中断处理函数名 2,
        ⋮
    中断处理函数名 26
  }
```

表 8.1　S08 系列 MCU 的中断向量摘要

优先级	向量号	地址(高/低)	向量名	模块	源	使能	描述
较低 ↑ 较高	26 到 31	$FFC0/FFC1 到 $FFCA/FFCB	未使用向量空间(用户程序有效)				
	25	$FFCC/FFCD	Vrti	系统空间	RTIF	RTIE	实时中断
	24	$FFCE/FFCF	VI2C1	I2C1	I2CIF	I2CIE	I2C1
	23	$FFD0/FFD1	Vadc1	ADC1	COCO	AIEN	ADC1
	22	$FFD2/FFD3	Vkeyboard1	KBI1	KBF	KBIE	KBI1 引脚
	21	$FFD4/FFD5	Vsci2tx	SCI2	TDRE TC	TIE TCIE	SCI2 发送
	20	$FFD6/FFD7	Vsci2rx	SCI2	IDLE RDRF	ILIE RIE	SCI2 接收
	19	$FFD8/FFD9	Vsci2err	SCI2	OR、NF、FE、PF	ORIE、NFIE、FEIE、PFIE	SCI2 错误
	18	$FFDA/FFDB	Vsci1tx	SCI1	TDRE、TC	TIE、TCIE	SCI1 发送
	17	$FFDC/FFDD	Vsci1rx	SCI1	IDLE、RDRF	ILIE、RIE	SCI1 接收
	16	$FFDE/FFDF	Vsci1err	SCI1	OR、NF、FE、PF	ORIE、NFIE、FEIE、PFIE	SCI1 错误
	15	$FFE0/FFE1	Vspi1	SPI1	SPIF、MODF、SPTEF	SPIE、SPIE、SPTIE	SPI1
	14	$FFE2/FFE3	Vtpm2ovf	TPM2	TOF	TOIE	TPM2 溢出
	13	$FFE4/FFE5	Vtpm2ch1	TPM2	CH1F	CH1IE	TPM2 通道 1
	12	$FFE6/FFE7	Vtpm2ch0	TPM2	CH0F	CH0IE	TPM2 通道 0
	11	$FFE8/FFE9	Vtpm1ovf	TPM1	TOF	TOIE	TPM1 溢出
	10	$FFEA/FFEB	Vtpm1ch5	TPM1	CH5F	CH5IE	TPM1 通道 5
	9	$FFEC/FFED	Vtpm1ch4	TPM1	CH4F	CH4IE	TPM1 通道 4
	8	$FFEE/FFEF	Vtpm1ch3	TPM1	CH3F	CH3IE	TPM1 通道 3
	7	$FFF0/FFF1	Vtpm1ch2	TPM1	CH2F	CH2IE	TPM1 通道 2
	6	$FFF2/FFF3	Vtpm1ch1	TPM1	CH1F	CH1IE	TPM1 通道 1
	5	$FFF4/FFF5	Vtpm1ch0	TPM1	CH0F	CH0IE	TPM1 通道 0
	4	$FFF6/FFF7	Vicg	ICG	ICGIF(LOLS/LOCS)	LOLRE/LOCRE	ICG
	3	$FFF8/FFF9	Vlvd	系统控制	LVDF	LVDIE	低压检测
	2	$FFFA/FFFB	Virq	IRQ	IRQF	IRQIE	IRQ 引脚
	1	$FFFC/FFFD	Vswi	内核	SWI 指令	—	软件中断
	0	$FFFE/FFFF	Vreset	系统控制	COP、LVD 非法代码	COPE、LVDRE	看门狗计时器、低压检测

格式中的中断处理函数名即为函数入口地址，也就是中断向量的入口地址。

根据中断向量地址安排，相应的 AW60 的中断向量表如下所示：

//中断向量表，如果需要定义其他中断函数，请修改下表中的相应 ISR_func_t

```
        const ISR_func_t ISR_vectors[] @0xFFCC =
        {
                isrDummy,                //时基中断
                isrDummy,                //IIC 中断
                isrDummy,                //ADC 转换中断
                isrDummy,                //键盘中断
                isrDummy,                //SCI2 发送中断
                isrDummy,                //SCI2 接收中断
                isrDummy,                //SCI2 错误中断
                isrDummy,                //SCI1 发送中断
                isrDummy,                //SCI1 接收中断
                isrDummy,                //SCI1 错误中断
                isrDummy,                //SPI 中断
                isrDummy,                //TPM2 溢出中断
                isrDummy,                //TPM2 通道 1 输入捕捉/输出比较中断
                isrDummy,                //TPM2 通道 0 输入捕捉/输出比较中断
                isrDummy,                //TPM1 溢出中断
                isrDummy,                //TPM1 通道 5 输入捕捉/输出比较中断
                isrDummy,                //TPM1 通道 4 输入捕捉/输出比较中断
                isrDummy,                //TPM1 通道 3 输入捕捉/输出比较中断
                isrDummy,                //TPM1 通道 2 输入捕捉/输出比较中断
                isrDummy,                //TPM1 通道 1 输入捕捉/输出比较中断
                isrDummy,                //TPM1 通道 0 输入捕捉/输出比较中断
                isrDummy,                //ICG 的 PLL 锁相状态变化中断
                isrDummy,                //低电压检测中断
                isrDummy,                //IRQ 引脚中断
                isrDummy,                //SWI 指令中断
        //RESET 是特殊中断,其向量由开发环境直接设置(在本软件系统的 Start08.o 文件中)
        };
```

中断向量表内容是从中断向量表起始地址开始顺序增加，均与 Flash 的中断向量地址相对应，表中的中断处理函数名为 isrDummy。该函数是个空函数，什么都不做，立即返回

```
        //未定义的中断处理函数,本函数不能删除
        interrupt void //未定义的中断处理函数,本函数不能删除
        interrupt void isrDummy(void)
        {

        }
```

因此上述中断向量表中的中断处理函数不做任何处理，如果某个中断不需要使用，要在数组对应的项中填入 "isrDummy"。如果要进行有关处理，就要自己编写相关中断处理函数，然后用相应的函数名去替换对应的 "isrDummy"。需要指出的是，中断处理函数没有返回类型，也不能有任何形参。如果中断函数需要与其他模块进行通信，可以采用全局变量来进行通信。

3. S08 CPU 的中断过程

若系统开放了某些中断及总中断(使用 CLI 指令开启总中断，即条件码寄存器 CCR 中的全局中断屏蔽位 I=0；而关闭总中断使用 SEI 指令，使 I=1)，S08CPU 每执行完一条指令就会按照优先级次序查询所有中断请求标志位，若查询到某个中断已发生，则响应该中断请求。注意 CPU 收到中断请求时，在响应中断之前要完成当前指令。中断过程如下：

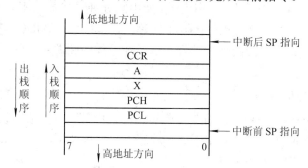

图 8-7 中断过程 CPU 中寄存器进出栈情况

(1) 在 S08 CPU 中，当具体中断发生时，CPU 内部寄存器 PC、X、A、CCR 被自动保存在堆栈中(注意 H 未被保护，这是为了与前期产品系列 MCU 兼容，必要时，H 应由用户中断服务程序保护)。在中断之前，堆栈指针 SP 指向了堆栈中下一个有效的字节位置。CPU 中寄存器 PC、X、A、CCR 依次入栈，入栈之后，SP 指向堆栈中的下一个有效位置，这是一个比保存条件码寄存器 CCR 的地址小 1 的地址。入栈的 PC 值是主程序中在中断返回时将执行的下一条指令所在地址。中断服务子程序以一条中断返回指令 RTI 结束，此时，堆栈中保存的值以相反的顺序从堆栈中恢复到 CCR、A、X、PC 中。图 8-7 给出了中断过程 CPU 中寄存器进出栈情况。

(2) CCR 中的 I 位置 1，即自动关总中断(相当于自动执行 SEI 指令)，防止其他中断进入。

(3) 在目前等待的中断中取出最高优先级中断的中断向量送给 PC。

(4) 执行中断服务程序，直到执行中断返回指令 RTI。RTI 指令从堆栈中依次弹出 CCR、A、X、PCH、PCL，使 CPU 返回原来中断处继续执行。

(5) 若中断过程允许响应新的中断，可在中断服务程序中用 CLI 指令开放中断。

4. 可屏蔽中断与不可屏蔽中断

可屏蔽中断是指可通过程序设置的方式使 CPU 不响应的中断，不可屏蔽中断是指不能通过程序方式关闭的中断。

5. 中断的开启与关闭

如上所示，可以通过程序设置允许中断响应(也叫中断使能或打开中断)或禁止中断响应(也叫中断禁止或关闭中断、中断屏蔽)。中断有 CPU 总中断和具体模块中断之分。CPU

总中断相当于总开关,若总开关不打开,即使其他具体模块打开中断 CPU 也不能响应。

在总中断打开的前提下,如果有一个被使能的具体中断发生,与之相关的中断请求标志位将被置位,MCU 检测到该位变化后,就查找定义好的中断向量表,从中得到该中断服务程序所在的地址,继而去执行中断服务子程序(Interrupt Service Routine,ISR)完成相应的功能。如果在中断服务子程序中,将 CCR 中的 I 置位为 1,CPU 就不能响应其他任何中断,即其他任何过程都影响不了 ISR 中断服务子程序的执行。

需要说明的是,MCU 在进入 ISR 的时候会自动置位 I 为 1 以屏蔽其他的影响,比如中断嵌套。但是这不意味着无法中断嵌套。在很少的情况下,用户可以通过在中断服务子程序中编程的方式开启总中断,以允许中断嵌套。在进入具体 ISR 时,也可以清除这个具体中断标志位,这样在处理的过程中,如果有重复的相同中断发生,就不会产生遗漏。

总之中断的处理过程一般为:关中断(在此中断处理完成前,不处理其他中断),保护现场,执行中断服务程序,恢复现场,开中断等。这个过程由 MCU 自动完成,用户需要关注的是总中断和具体中断源的使能编程,以及在具体中断源对应的中断向量偏移地址处填写 ISR 中断服务子程序名。

6. AW60 的中断编程步骤

在 AW60 中,中断响应处理的有些步骤可由芯片内部自行完成。设计时只需要编写中断处理程序和修改中断向量表中的中断处理程序入口地址即可。

在 CW 环境下使用 AW60 芯片中断的步骤是:

(1) 在 main.c 中,依照"关总中断→开模块中断→开总中断"的顺序打开模块中断。

(2) 在 isr.c 文件中,编写中断服务程序,修改中断向量表。

AW60 的中断编程可概括为下述三个步骤:

(1) 复制一个 isr.c 和 isr.h 文件,并加入工程中。

(3) 定义中断处理函数,并在中断向量表中填入相应中断处理函数的名称。

(2) 将不做处理的中断所对应的中断向量处理函数名替换为"isrDummy"。

通过上述三个步骤,就可以定义好所需要的中断。在实际编程中,可以直接从给定的 C 工程框架中得到 isr.c 文件,该文件中定义了一个空中断处理函数"isrDummy",和由这个空函数名组成的中断向量表。用户只需定义所需的中断处理函数,并用该函数名代替向量表中相应位置上的"isrDummy"即可。

8.2.4　AW60 键盘模块相关寄存器

AW60 单片机的 PTG0～PTG4、PTD2～PTD3、PTD7 共 8 个引脚可作为键盘中断模块(KBI,Keyboard InterruptModule)的引脚,作为 KBI 引脚时,PTG0(23)、PTG1(24)、PTG2(25)、PTG3(48)、PTG4(49)、PTD2(46)、PTD3(47)、PTD7(53)这 8 个引脚分别被称为键盘中断引脚 KBI1P0～KBI1P7。这 8 个引脚提供了以中断方式识别是否有键被按下的硬件手段。此外这些引脚也可以作外部中断输入引脚使用。如果不以中断方式识别键盘按键,可以屏蔽键盘中断,把这些 I/O 口作为一般 I/O 口对待。

1. 键盘中断状态和控制寄存器(KBI Status and Control Register,KBI1SC)

KBI1SC 包含了键盘中断触发方式、键盘中断标志、键盘中断应答、键盘中断使能等功能。其地址是$ 0000001E。内部各数据位定义及复位值如表 8.2 所示。

表 8.2　KBI1SC 位功能表

数据位	D7	D6	D5	D4	D3	D2	D1	D0
读	KBEDG7	KBEDG6	KBEDG5	KBEDG4	KBF	0	KBIE	KBIMOD
写	KBEDG7	KBEDG6	KBEDG5	KBEDG4	未定义	KBACK	KBIE	KBIMOD
复位	0	0	0	0	0	0	0	0

表 8.2 中各位的具体意义如下：

D7～D4：键盘中断引脚 KBI1P7～KBI1P4 的触发方式。0 表示下降沿或者是低电平触发，1 表示上升沿或者是高电平触发。这几位对键盘中断引脚 KBI1P3～KBI1P0 无影响，KBI1P3～KBI1P0 默认为下降沿或者是低电平触发模式。至于具体是边沿触发还是电平触发，要看本寄存器的键盘中断检测模式选择位 KBIMOD。

D3：KBF 位：键盘中断标志位(Keyboard Interrupt Flag)，只读位。KBF = 1，产生键盘中断；KBF = 0，未产生键盘中断。

D2：KBACK 位：键盘中断应答位(Keyboard Interrupt Acknowledge)，只写位，读出始终为 0。写入 1，清除键盘中断 KBF 状态标志。

D1：KBIE 位：键盘中断使能位 (Keyboard Interrupt Enable)。KBIE = 1，开放键盘中断；KBIE = 0，屏蔽键盘中断。

D0：KBIMOD 位：键盘中断检测模式(Keyboard Detection Mode)。KBIMOD＝1，仅边沿检测模式，KBIMOD＝0，边沿和电平检测模式。例如，KBIMOD＝1 时，键盘中断引脚 KBI1P3～KBI1P0 默认为下降沿触发；而键盘中断引脚 KBI1P7～KBI1P4 可被设置为上升沿或下降沿触发(至于具体是上升沿还是下降沿，分别由 KBEDG7～KBEDG4 决定)。KBIMOD＝0 时，键盘中断引脚 KBI1P3～KBI1P0 默认为下降沿和低电平触发；而 KBI1P7～KBI1P4 实际是下降沿和低电平触发，还是上升沿和高电平触发，仍取决于 KBEDG7～KBEDG4 的值。

在 CW 开发平台中的 mc9s08aw60.h 文件中，与 KBI1SC 相关的定义如下：

```
/*** KBI1SC - KBI1 Status and Control; 0x0000001E ***/

typedef union
{
  byte Byte;
  struct {
    byte KBIMOD    :1;          /* 键盘中断检测模式 */
    byte KBIE      :1;          /* 键盘中断使能位 */
    byte KBACK     :1;          /* 键盘中断应答位 */
    byte KBF       :1;          /* 键盘中断标志位 */
    byte KBEDG4    :1;          /* 键盘中断引脚 KBI1P4 触发方式选择位 */
    byte KBEDG5    :1;          /* 键盘中断引脚 KBI1P5 触发方式选择位 */
    byte KBEDG6    :1;          /* 键盘中断引脚 KBI1P6 触发方式选择位 */
    byte KBEDG7    :1;          /* 键盘中断引脚 KBI1P7 触发方式选择位 */
```

```
    } Bits;
    struct {
      byte          :1;
      byte          :1;
      byte          :1;
      byte          :1;
      byte grpKBEDG_4 :4;
    } MergedBits;
} KBI1SCSTR;
extern volatile KBI1SCSTR _KBI1SC @0x0000001E;
#define KBI1SC                          _KBI1SC.Byte
#define KBI1SC_KBIMOD                   _KBI1SC.Bits.KBIMOD
#define KBI1SC_KBIE                     _KBI1SC.Bits.KBIE
#define KBI1SC_KBACK                    _KBI1SC.Bits.KBACK
#define KBI1SC_KBF                      _KBI1SC.Bits.KBF
#define KBI1SC_KBEDG4                   _KBI1SC.Bits.KBEDG4
#define KBI1SC_KBEDG5                   _KBI1SC.Bits.KBEDG5
#define KBI1SC_KBEDG6                   _KBI1SC.Bits.KBEDG6
#define KBI1SC_KBEDG7                   _KBI1SC.Bits.KBEDG7
#define KBI1SC_KBEDG_4                  _KBI1SC.MergedBits.grpKBEDG_4
#define KBI1SC_KBEDG                    KBI1SC_KBEDG_4


#define KBI1SC_KBIMOD_MASK              1U
#define KBI1SC_KBIE_MASK                2U
#define KBI1SC_KBACK_MASK               4U
#define KBI1SC_KBF_MASK                 8U
#define KBI1SC_KBEDG4_MASK              16U
#define KBI1SC_KBEDG5_MASK              32U
#define KBI1SC_KBEDG6_MASK              64U
#define KBI1SC_KBEDG7_MASK              128U
#define KBI1SC_KBEDG_4_MASK             240U
#define KBI1SC_KBEDG_4_BITNUM           4U
```

在程序设计中可以以"KBI1SC"对键盘中断状态和控制寄存器进行整体访问。按位访问时，可以用"KBI1SC_KBIMOD"的形式访问寄存器中相应的位，也可以用"KBI1SC_KBIMOD_MASK"掩码和"KBI1SC"相与来访问相应的位。另外，可以用"KBI1SC_KBEDG"对 KBI1P7～KBI1P4 位组进行访问，也可以用"KBI1SC_KBEDG_4_MASK"掩码和"KBI1SC"相与访问 KBI1P7～KBI1P4。显然访问位或者位组时，形式访问方式都更为简洁。当然程序设计者也可以在自己的代码中用#define 进行更为紧凑的定义。

2. 键盘中断引脚使能寄存器(KBI Pin Enable Register，KBI1PE)

KBI1PE 的各位决定所对应的引脚是否允许中断，地址为：$0000001F。各数据位及复位值如表 8.3 所示。

表 8.3 KBI1PE 位功能表

数据位	D7	D6	D5	D4	D3	D2	D1	D0
读	KBIPE7	KBIPE6	KBIPE5	KBIPE4	KBIPE3	KBIPE2	KBIPE1	KBIPE0
写								
复位	0	0	0	0	0	0	0	0

表 8.3 中各位的具体意义如下：D7~D0，分别记为 KBIPE7~KBIPE0，可读写。该 8 位分别对应键盘中断引脚 KBI1P7~KBI1P0，若 KBIPEx=1，表示相应键盘中断引脚 KBI1Px 被定义为中断信号输入引脚，反之则不能作为中断信号输入引脚。复位时全为 0。

在 CW 开发平台中的 mc9s08aw60.h 文件中，与 KBI1PE 相关的定义如下：

```
/*** KBI1PE - KBI1 Pin Enable Register; 0x0000001F ***/
typedef union
{
  byte Byte;
  struct {
    byte KBIPE0        :1;              /*键盘中断引脚 KBI1P0 使能位 */
    byte KBIPE1        :1;              /*键盘中断引脚 KBI1P1 使能位 */
    byte KBIPE2        :1;              /*键盘中断引脚 KBI1P2 使能位 */
    byte KBIPE3        :1;              /*键盘中断引脚 KBI1P3 使能位 */
    byte KBIPE4        :1;              /*键盘中断引脚 KBI1P4 使能位 */
    byte KBIPE5        :1;              /*键盘中断引脚 KBI1P5 使能位 */
    byte KBIPE6        :1;              /*键盘中断引脚 KBI1P6 使能位 */
    byte KBIPE7        :1;              /*键盘中断引脚 KBI1P7 使能位 */
  } Bits;
} KBI1PESTR;
extern volatile KBI1PESTR _KBI1PE @0x0000001F;
#define KBI1PE                        _KBI1PE.Byte
#define KBI1PE_KBIPE0                 _KBI1PE.Bits.KBIPE0
#define KBI1PE_KBIPE1                 _KBI1PE.Bits.KBIPE1
#define KBI1PE_KBIPE2                 _KBI1PE.Bits.KBIPE2
#define KBI1PE_KBIPE3                 _KBI1PE.Bits.KBIPE3
#define KBI1PE_KBIPE4                 _KBI1PE.Bits.KBIPE4
#define KBI1PE_KBIPE5                 _KBI1PE.Bits.KBIPE5
#define KBI1PE_KBIPE6                 _KBI1PE.Bits.KBIPE6
#define KBI1PE_KBIPE7                 _KBI1PE.Bits.KBIPE7

#define KBI1PE_KBIPE0_MASK            1U
```

#define KBI1PE_KBIPE1_MASK	2U
#define KBI1PE_KBIPE2_MASK	4U
#define KBI1PE_KBIPE3_MASK	8U
#define KBI1PE_KBIPE4_MASK	16U
#define KBI1PE_KBIPE5_MASK	32U
#define KBI1PE_KBIPE6_MASK	64U
#define KBI1PE_KBIPE7_MASK	128U

根据以上定义，我们可以用 KBI1PE 按字节对键盘中断引脚使能寄存器进行访问，也可以用 KBI1PE_KBIPE0 这样的形式访问键盘中断引脚使能寄存器中相应的位。

8.3　项目硬件设计

本项目硬件设计如图 8-8 所示，矩阵键盘行线分别与 PTG0(23)、PTG1(24)、PTG2(25)、PTG3(48)相连，而列线分别与 PTG4(49)、PTD2(46)、PTD3(47)、PTD7(53)相连。

需要指出的是，本设计中行线或列线并不是一定都要与 AW60 键盘中断引脚相连。为了让 CPU 响应键盘中断，可以让行线连接到任意的 GPIO 口并使该 GPIO 口始终输出低电平，列线则必须接入键盘中断引脚，这样按下按键后，肯定有列线电平变为低电平。当然也可以将列线接入任意 GPIO 口，并且使其输出保持低电平，而行线接入键盘中断引脚。

在按键扫描中，输出的行线电平(列线电平)和读入的列线电平(行线电平)所构成数组称为键值。根据键盘所在位置或者键值所映射的内容称为键盘定义值。

本项目中按键排列及其对应键值的定义值如图 8-8、图 8-9 所示。从键值上可以看出四位行线和四位列线取值只有 7、D、B、E 四种，而这四个值对应的二进制数只有一位为 0，其余位均为 1，这也体现了键盘扫描的过程。

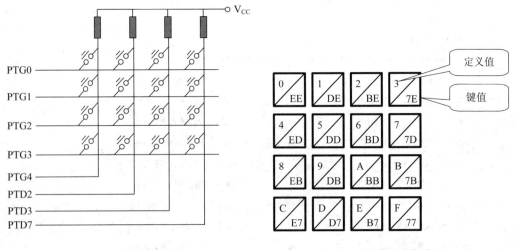

图 8-8　4×4 按键硬件设计　　　　　　　　图 8-9　键值与定义值

8.4 项目软件设计

8.4.1 软件结构与流程设计

项目软件框架建立过程与前述项目相同，项目由 MCU 初始化模块、键盘模块、中断模块、通用模块、LED 数码显示模块构成。各个模块的添加方法可参考前文所述，中断模块也并无不同之处，在此不再赘述。

在中断程序设计中，为了尽可能避免中断的嵌套和中断丢失，一般要求中断处理时间越短越好，也就是说中断要尽快返回，而键盘扫描相对来说费时较多，为此在程序设计中定义一个全局键盘中断标志变量，初始化时将该变量赋值为 0，当键盘中断产生时，中断处理函数将该标志变量赋值为 1 后立即返回。主程序根据该标志的值来决定是否继续键盘扫描，以便识别哪个按键被按下，从而获得键值定义。在键盘扫描后，将该标志清 0。

根据以上分析，结合键盘中断过程和项目要求，键盘扫描子程序流程如图 8-10 所示，中断程序流程如图 8-11 所示，而相应的主程序流程如图 8-12 所示。

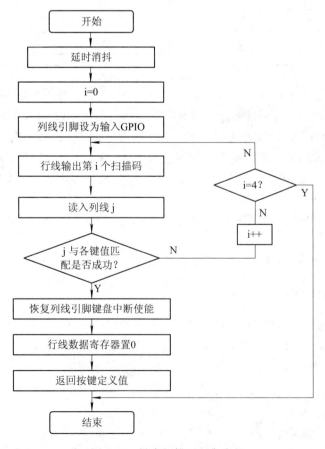

图 8-10 键盘扫描子程序流程

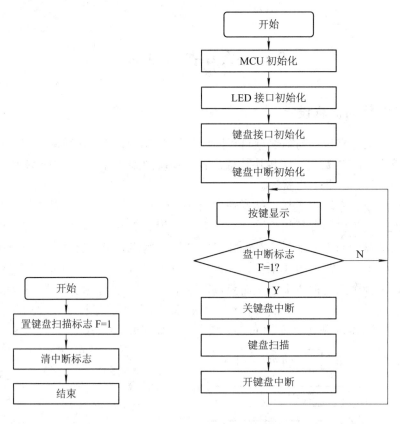

图 8-11　中断程序流程　　　　　图 8-12　按键显示主程序流程

在键盘扫描时，需要将列线对应的键盘中断引脚设为 GPIO 输入引脚，键盘扫描完成后需要将这些 GPIO 引脚恢复为键盘中断引脚，以备下次产生键盘中断时，不丢失按键信息。扫描时，行线输出的扫描码就是四位键值 7、D、B、E，如果有按键按下，那么四位列线也必定为 7、D、B、E 这四个数值中的一个，因此只需与四个数值中的一个匹配成功，就可以获知键值。

本设计只涉及单键输入，即每次只能按下一个健，因此键值首次匹配成功后即退出按键扫描，不再后续扫描。

主程序中的按键显示流程图与数码管显示相同，具体可参见该章节内容。

8.4.2　软件代码设计

下面给出了本项目按键模块、中断模块、主程序模块的软件代码，主程序中涉及的其他模块与以前的项目相同，可参看本书中数码管显示中的相关模块。

1. 键盘模块程序代码

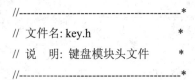

```
//-----------------------------------------*
// 文件名: key.h                    *
// 说　明: 键盘模块头文件            *
//-----------------------------------------*
```

```
    #ifndef KEY_H
    #define KEY_H
    #include "MC9S08AW60.h"
        //键盘接口初始化函数
        void key_interface_init(void);
        //键盘中断寄存器初始化函数
        void key_reg_init(void);
        //键盘扫描函数
        unsigned char key_scan(void);
#endif


//--------------------------------------------- *
// 文件名: key.c                    *
// 说　明: 键盘模块源程序文件          *
//--------------------------------------------- *
//键盘为4*4键盘，行线为扫描信号输出口，口线为G口低四位
//列线为中断信号输入口，口线为D7、D3、D2、G4


#include "key.h"
#include <mc9s08aw60.h>
#include "general_fun.h"


//------------------------------------------------------------------------------ *
// 函数名: key_interface_init(void)                       *
// 说　明: 键盘接口初始化                           *
// 参　数: 无                                   *
// 返回值: 无                                   *
//------------------------------------------------------------------------------ *
void key_interface_init(void)
{
    PTGDD=PTGDD | 0B00001111;//G口低四位(0~3)置输出模式
    PTGD =PTGD   & 0B11110000;//行线输出0，即G口低四位输出0
    PTGDD=PTGDD & 0B11101111;//G口第四位置输入模式
    PTDDD=PTDDD & 0B01110011;//D口第7、3、2位置输入模式
    PTGPE=PTGPE | 0B00010000;
    PTDPE=PTDPE | 0B10001100;//输入口上拉电阻使能
    PTGD=PTGD | 0B00010000;// 列线输出高电平
    PTDD=PTDD | 0B10001100;//列线输出高电平

}
```

```
//----------------------------------------------------------*
// 函数名: key_reg_init(void)                                *
// 说　明: 键盘中断寄存器初始化                              *
// 参　数: 无                                                *
// 返回值: 无                                                *
//----------------------------------------------------------*
void key_reg_init(void)
{
    KBI1SC_KBIE=0;//禁止键盘中断，防止初始化时引起误中断
    KBI1PE=KBI1PE | 0B11110000;//列线对应输入引脚中断输入使能
    KBI1SC_KBIMOD=0;//中断检测模式为边沿和电平检测模式
    KBI1SC_KBEDG=0;//下降沿触发中断
    KBI1SC_KBACK=1;//清除键盘中断KBF标志
    KBI1SC_KBIE=1;//开键盘中断
}
//----------------------------------------------------------*
// 函数名: char key_scan(void)                               *
// 说　明: 键盘扫描                                          *
// 参　数: 无                                                *
// 返回值:　按键定义值                                       *
//----------------------------------------------------------*
unsigned char key_scan(void)
{
    unsigned char key_num;
    KBI1PE=KBI1PE | 0B00000000;//列线对应输入引脚中断输入使能取消
    PTGDD=PTGDD | 0B00001111;//行线即G口低四位(0~3)置输出模式
    PTGDD=PTGDD & 0B11101111;//列线即G口第四位置输入模式
    PTGD =PTGD　| 0B00010000;
    PTDDD=PTDDD & 0B01110011;//列线D口第7、3、2位置输入模式
    PTDD =PTDD　| 0B10001100;

    //行线输出扫描码
    PTGD = 0b11110111;
    delay_us(1);
    if(PTGD_PTGD4==0 )//键值匹配，只判断哪一位为低电平，以下同
    {
        key_num=12;
        return key_num;
```

```
        }
        else if(PTDD_PTDD2==0)
        {
            key_num=9;//
            return key_num;
        }
        else if(PTDD_PTDD3==0)
        {
            key_num=8;
            return key_num;
        }
        else if(PTDD_PTDD7==0)
        {
            key_num=7;
            return key_num;
        }
        PTGD = 0b11111110;
        delay_us(1);
        if(PTGD_PTGD4==0 )
        {
            key_num=15; //
            return key_num;
        }
        else if(PTDD_PTDD2==0)
        {
            key_num=11; //
            return key_num;
        }
        else if(PTDD_PTDD3==0)
        {
            key_num=10;
            return key_num;
        }
        else if(PTDD_PTDD7==0)
        {
            key_num=0;
            return key_num;
        }
```

```c
    PTGD = 0b11111101;
    delay_us(1);
     if(PTGD_PTGD4==0 )
      {
         key_num=14;
         return key_num;
      }
     else if(PTDD_PTDD2==0)
      {
         key_num=3; //
         return key_num;
      }
     else if(PTDD_PTDD3==0)
      {
         key_num=2;
         return key_num;
      }
     else if(PTDD_PTDD7==0)
      {
         key_num=1;
         return key_num;
      }
    PTGD = 0b11111011;
    delay_us(1);
    if(PTGD_PTGD4==0 )
      {
         key_num=13;
         return key_num;
      }
     else if(PTDD_PTDD2==0)
      {
         key_num=6;   //
         return key_num;
      }
     else if(PTDD_PTDD3==0)
      {
         key_num=5;
         return key_num;
      }
```

```
        else if(PTDD_PTDD7==0)
        {
            key_num=4;
            return key_num;
        }
        else
        {
            key_num=16;
            return key_num;
        }
    }
```

2. 主程序模块代码

```
//---------------------------------------------*
// 文件名: main.c                   *
// 说    明: 按键显示项目主程序      *
//---------------------------------------------*
#include <hidef.h> /* 包含中断允许宏 */
#include "derivative.h" /* 包括外围设备声明 */
#include "MCUinit.h"
#include "general_fun.h"
#include "key.h"
#include "show_num.h"
//按键中断标志全局变量
unsigned char key_int_flag=0;
//按键抖动演示
//unsigned char key_int_times=0;

void main(void)
{
    signed char key_num=17,tem;
  //int i;
    //EnableInterrupts;     /* 禁止中断 */
    MCUInit();
    led_int_init();
    key_interface_init();
    key_reg_init();
    //打开CPU中断开关
```

```
        enable_master_int;
        for(;;)
        {
            if(key_int_flag==1)
            {
                disable_master_int;              //按键扫描时，禁止CPU中断
                key_int_flag=0;
                show_num(-1,10);
                tem=key_scan();
                //按键接口及中断模式重新初始化，为下一次按键中断做准备
                key_interface_init();
                key_reg_init();
                //恢复CPU中断打开状态
                enable_master_int;
            }
            if(tem!=16)
            {
                key_num=tem;
            }
            show_num(key_num,10);
        }
    }
```

3. 中断模块程序代码

```
//-----------------------------------------------*
// 文件名: isr.h                                  *
// 说   明: 中断模块头文件                          *
//-----------------------------------------------*
#ifndef ISR_H
#define ISR_H
    #include "show_num.h"
    #include "MC9S08AW60.h"
    // 在此添加全局变量声明
    extern unsigned char key_int_flag;
    extern int key_int_times;

#endif
//----------------------------------------------------------------*
// 文件名: isr.c                                                  *
```

```
//  说    明: 中断处理函数,此文件包括:                      *
//           (1)isr_key:键盘中断处理函数              *
//           (2)isrDummy:空函数                    *
//-----------------------------------------------------------------*

#include "isr.h"
//-------------------------------------------*
//函数名: isr_key(void)                                                                      *
//功  能: 键盘中断函数只是设定键盘中断标志,该标志为1，表明有键按下，否则无键按下  *
//参    数: 无                                                                              *
返    回: 无                                                                                *
//------------------------------------------------------------------------------------------ *
interrupt void isr_key(void)
{
    KBI1SC_KBIE=0;//禁止键盘中断
    KBI1SC_KBACK=1;//清除键盘中断KBF标志
    key_int_flag=1;
}


//未定义的中断处理函数,本函数不能删除
interrupt void isrDummy(void)
{

}


//中断处理子程序类型定义
typedef void( *ISR_func_t)(void);

//中断矢量表，如果需要定义其他中断函数，请修改下表中的相应项目
const ISR_func_t ISR_vectors[] @0xFFCC =
{
    isrDummy,          //时基中断
    isrDummy,          //IIC中断
    isrDummy,          //ADC转换中断
    isr_key,           //键盘中断
    isrDummy,          //SCI2发送中断
    isrDummy,          //SCI2接收中断
    isrDummy,          //SCI2错误中断
    isrDummy,          //SCI1发送中断
```

isrDummy,	//SCI1接收中断
isrDummy,	//SCI1错误中断
isrDummy,	//SPI中断
isrDummy,	//TPM2溢出中断
isrDummy,	//TPM2通道1输入捕捉/输出比较中断
isrDummy,	//TPM2通道0输入捕捉/输出比较中断
isrDummy,	//TPM1溢出中断
isrDummy,	//TPM1通道5输入捕捉/输出比较中断
isrDummy,	//TPM1通道4输入捕捉/输出比较中断
isrDummy,	//TPM1通道3输入捕捉/输出比较中断
isrDummy,	//TPM1通道2输入捕捉/输出比较中断
isrDummy,	//TPM1通道1输入捕捉/输出比较中断
isrDummy,	//TPM1通道0输入捕捉/输出比较中断
isrDummy,	//ICG的PLL锁相状态变化中断
isrDummy,	//低电压检测中断
isrDummy,	//IRQ引脚中断
isrDummy,	//SWI指令中断

　　　　//RESET是特殊中断,其向量由开发环境直接设置(在本软件系统的Start08.o文件中)

　　};

设 计 小 结

　　1. 中断处理程序执行时间尽可能短，中断触发的操作可以通过设置标志量转移到主程序中执行。

　　2. 模块之间的通信可以借助全局变量进行。

　　3. 中断处理程序往往涉及中断标志的清除，清除要根据控制器芯片技术手册的说明进行。

习　　题

　　1. 在按键扫描中，需要考虑哪些问题？

　　2. 简述按键扫描的过程。

　　3.试给出使用查询法来进行按键扫描的软件代码。

　　4. 如何避免中断嵌套？

　　5. 按键行线、列线是否都要接入到键盘中断模块引脚中？

项目 9　AW60 与 PC 串行通信

9.1　项目内容与要求

(1) 实现 AW60 上电后，通过串口向 PC 发送字符串 "welcome to wxcu"，然后将从 PC 接收到的数据再发回给 PC。

(2) 掌握 AW60 串口模块相关寄存器功能。

(3) 掌握串口调试器使用。

9.2　项目背景知识

9.2.1　串行通信

串行通信(Sserial Communication Interface)有时简称为 SCI 通信，其特点是：数据以字节为单位，按位的顺序(例如最高位优先)从一条传输线上发送出去(另外还需要一根地线)。"位"(bit)是单个二进制数字的简称，是可以拥有两种状态的最小二进制值，这两种状态分别用 "0" 和 "1" 表示。在计算机中，通常一个信息单位用 8 位二进制表示，称为一个 "字节"(byte)。

1. 串行通信的波特率

位长(Bit Length)，也称为位的持续时间(Bit Duration)，其倒数就是单位时间内传送的位数。每秒内传送的位数叫做波特率(Baud Rate)。波特率的单位是：位/秒，记为 b/s。

2. 异步串行通信的格式

异步串行通信通常采用的是 NRZ 数据格式，英文全称是 "standard non-return-zero mark/space data format"，即 "标准不归零传号/空号数据格式"。"不归零" 是指用负电平表示一种二进制值，正电平表示另一种二进制值，不使用零电平。因为如果使用一种电平表示一种二进制，用零电平表示另外一种二进制，将会造成电平累积，最终影响数据的正确传输。

图 9-1 给出了 6 位数据、一位校验情况的数据格式。在这个数据格式中，高电平的空闲位表示串行通信数据线未被占用，处于空闲状态。空闲位由高电平变为低电平，表示一次通信的开始，表现为起始位，起始位后就是有效的数据通信。数据发送完毕后，有时为提高数据通信可靠性，在数据位后增加一位校验位，便于接收方判断接收到的数据是否有误。校验位之后为停止位，表示一次通信结束。数据线返回到空闲状态。由起始位、数据

位、校验位(可以没有)、停止位所构成的序列数据被称为帧。

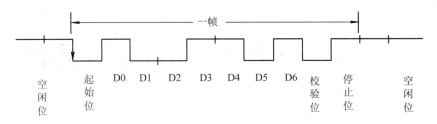

图 9-1　6 位数据、一位校验情况帧结构

为保证接收方对信号的正确采样，串行通信以字符为传送单位，用起始位和停止位标识每个字符的开始和结束，字符之间的间隔不固定，字符内只需实现位同步即可。

3. 奇偶校验

在异步串行通信中，如何知道传输是正确的？最常见的方法是增加一个校验位(奇偶校验位)，供错误检测使用。奇偶校验位用来检查为每个字符增加一个额外位后字符中"1"的个数为奇数或偶数。

奇数或偶数依据使用的是"奇校验检查"还是"偶校验检查"而定。当使用"奇校验检查"时，如果字符数据位中"1"的数目是偶数，校验位应为"1"；如果"1"的数目是奇数，校验位应为"0"。当使用"偶校验检查"时，如果字符数据位中"1"的数目是偶数，则校验位应为"0"；如果是奇数则为"1"。这里列举奇偶校验检查的一个实例，ASCII 字符"R"，其位构成是 1010010。由于字符"R"中有 3 个位为"1"，若使用奇校验检查，则校验位为 0；如果使用偶校验检查，则校验位为 1。在传输过程中，若有 1 位(或奇数个数据位)发生错误，使用奇偶校验检查，可以知道发生传输错误；若有 2 位(或偶数个数据位)发生错误，使用奇偶校验检查，就不能知道已经发生了传输错误。但是奇偶校验检查方法简单，使用方便，发生 1 位错误的概率远大于发生 2 位错误的概率，所以奇偶校验检查这种方法还是最为常用的校验方法。几乎所有 MCU 的串行异步通信接口都提供这种功能。

4. 串行通信的传输方式

在串行通信中，经常用到"单工"、"双工"、"半双工"等术语，它们是串行通信的不同传输方式。下面简要介绍这些术语的基本含义。

(1) 单工(Simplex)：数据传送是单向的，一端为发送端，另一端为接收端，这种传输方式中，除了地线，只要一根数据线就可以了。有线广播就是单工的，其工作方式如图 9-2 所示。

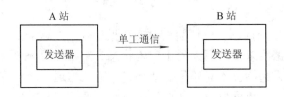

图 9-2　单工工作方式

(2) 全双工(Full-duplex)：数据传送是双向的，可以同时接收与发送数据，这种传输方式中，除了地线，需要两根数据线，从任何一端看，都是一根为发送线，另一根为接收线。一般情况下，MCU 的异步串行通信接口均是全双工的，其工作方式如图 9-3 所示。

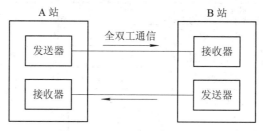

图 9-3　全双工工作方式

(3) 半双工(Half-duplex)：数据传送也是双向的，但是在这种传输方式中，除地线之外，一般只有一根数据线，任何时刻，只能由一方发送数据，另一方接收数据，不能同时收发。其工作方式如图 9-4 所示。

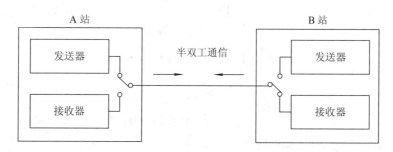

图 9-4　半双工工作方式

5. RS-232 总线标准

MCU 引脚输入/输出一般使用 TTL(Transistor Transistor Logic)电平，即晶体管-晶体管逻辑电平。而 TTL 电平的"1"和"0"的特征电压分别为 2.4 V 和 0.4 V(目前使用 3 V 供电的 MCU 中，该特征值有所变动)，即大于 2.4 V 则识别为"1"，小于 0.4 V 则识别为"0"。它适用于板内数据传输。若用 TTL 电平，则有效传输距离约为 5 m。

为使信号传输得更远，美国电子工业协会 EIA(Electronic Industry Association)制订了串行物理接口标准 RS-232C，以下简称 RS-232。RS-232 采用负逻辑，−15～−3 V 为逻辑"1"，+3～+15 V 为逻辑"0"。RS-232 最大的传输距离是 30m，通信速率一般低于 20 kb/s。

RS-232 总线标准最初是为远程数据通信制订的，但目前主要用于几米到几十米范围内的近距离通信。一般的 PC 均带有 1 到 2 个串行通信接口，人们也称之为 RS-232 接口，简称"串口"，它主要用于连接具有同样接口的室内设备。早期的标准串行通信接口是 25 芯插头，但是现在 25 芯线中的大部分已不使用，逐渐改为使用 9 芯串行接口。

图 9-5 给出了 9 芯串行接口引脚的排列位置，相应引脚含义见表 9.1。在 RS-232 通信中，常常使用精简的 RS-232 通信，通信时仅使用 3 根线：RxD(接收线)、TxD(发送线)和GND(地线)。其他可在进行远程传输时接调制解调器使用，有的也可作为硬件握手信号(如请求发送 RTS 信号与允许发送 CTS 信号)

表 9.1　9 芯串行接口引脚含义

引脚号	功能	引脚号	功　　能
1	接收线信号检测(载波检测DCD)	6	数据通信设备准备就绪(DSR)
2	接收数据线(RxD)	7	请求发送(RTS)
3	发送数据线(TxD)	8	允许发送(CTS)
4	数据终端准备就绪(DTR)	9	振铃指示
5	信号地(SG)		

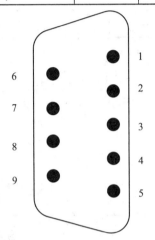

图 9-5　9 芯串行接口引脚排列位置

6. TTL 电平到 RS-232 电平转换

在 MCU 中，若根据 RS-232 总线标准进行串行通信，则需外接电路实现电平转换。在发送端，需要用驱动电路将 TTL 电平转换成 RS-232 电平；在接收端，需要用接收电路将 RS-232 电平转换为 TTL 电平。目前广泛使用 MAX232 芯片，它是专门为 RS-232 标准设计的串口通信接口电路。该芯片使用单一+5 V 电源供电，内部集成电荷泵电路。通过外接 4 只电容，产生+12 V 和−12 V 两个电源，以满足 RS-232 串口电平的需要。该芯片引脚分布如图 9-6 所示。

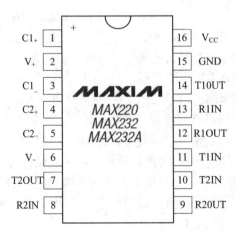

图 9.6　MAX232 引脚分布图

　　芯片手册上推荐的典型应用电路如图 9-7 所示，该电路包括三个部分，第一部分是电荷泵电路，由 1、2、3、4、5、6 脚和 C1、C2、C3、C4 这 4 只电容构成，其功能是产生 +12 V 和 −12 V 两个电源，以满足 RS-232 串口电平的需要。第二部分是数据转换通道，由 7、8、9、10、11、12、13、14 脚构成两个数据通道，其中 13 脚(R1IN)、12 脚(R1OUT)、11 脚(T1IN)、14 脚(T1OUT)为第一数据通道，8 脚(R2IN)、9 脚(R2OUT)、10 脚(T2IN)、7 脚(T2OUT)为第二数据通道。第三部分是供电，有 15 脚 DNG 和 16 脚 V_{CC}(+5 V)。

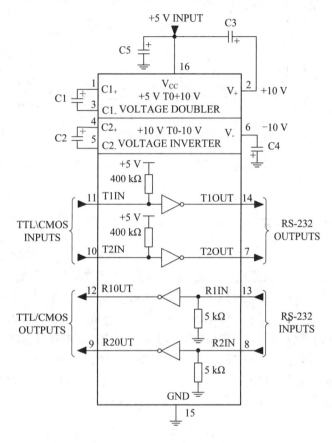

图 9-7　MAX232 典型应用电路图

　　在实际使用中，MCU 的串口发送引脚发送的 TTL/CMOS 数据从 T1IN、T2IN 输入被转换成 RS-232 数据后从 T1OUT、T2OUT 送到 DP9 插头；DP9 插头的 RS-232 数据从 R1IN、R2IN 输入被转换成 TTL/CMOS 数据后从 R1OUT、R2OUT 输出到 MCU 的串口接收引脚。DP9 插头用于与外部设备连接。

7. USB 转串口

　　在进行嵌入式系统开发时，有时使用笔记本电脑，由于 RS-232 串行口体积较大，现在笔记本电脑一般没有 RS-232 串行口。不过可以利用笔记本电脑上的 USB 接口，通过 USB 转串口模块，解决这一问题。

　　USB 转串口模块一般采用 PL2303HX 芯片，其典型应用电路如图 9-8 所示。该电路符合 USB1.1 通信协议，PL2303HX 芯片的工作频率为 12 MHz，可以直接将 USB 信号转换成串口信号；波特率从 75 到 1 228 800，有 22 种波特率可以选择，并支持 5、6、7、8、16 共 5 种数据比特位。图 9-8 中，RXD0 已与 AW60 串口输入脚连接，TXD0 与 AW60 发送脚连接。

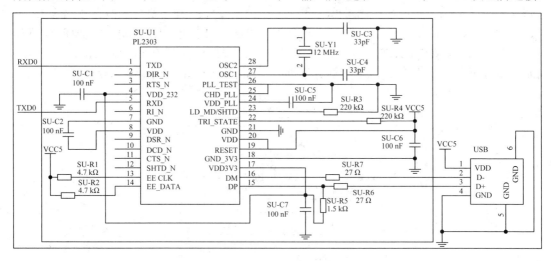

图 9-8　USB 转串口图

9.2.2　AW60 的 SCI 模块

串行通信接口 SCI 的主要功能是：接收时，把外部的单线输入的数据变成一个字节的并行数据送入 MCU 内部；发送时，把需要发送的一个字节的并行数据转换为单线输出。

AW60 芯片内部有两组独立的 SCI 模块，每个模块都含有相互独立的发送器和接收器，对外也有两组独立的引脚。对于 QFP/LQFP 封装 64 引脚的 AW60 芯片，第 1 组 SCI 的发送数据与接收数据引脚分别名为 PTE0/TxD1(13 脚)、PTE1/RxD1(14 脚)，第 2 组 SCI 的发送数据与接收数据引脚分别名为 PTC3/TxD2(63 脚)、PTC5/RxD2(64 脚)。

对于每一个 SCI 模块，与之相关的寄存器有 7 个，其中 1 个 16 位波特率寄存器，1 个 8 位数据寄存器，3 个 8 位控制寄存器，2 个 8 位状态寄存器。

1. 波特率寄存器

16 位 SCI 波特率寄存器由两个 8 位寄存器 SCIxBDH、SCIxBDL 组成(x 可以取 1 或者 2，分别对应第一组串口模块和第二组串口模块)。SCIxBDH 的 D7～D5 位未定义，一般取为 0；D4～D0 位为[SBR12:SBR8]，SCIxBDL 的 D7～D0 位为[SBR7:SBR0]。写入时要求首先写入 SCIxBDH，后写入 SCIxBDL。复位后，波特率发生器一直保持禁止，直到第一次使能接收器或发送器。

AW60 的 SCI 模块内部含有的波特率发生器可将总线频率进行分频，以产生串行通信需要的波特率。

分频因子由 16 位 SCI 波特率寄存器的(第 12～0 位)[SBR12:SBR0]决定。为方便起见，将[SBR12:SBR0]简记为 BR。若 BR=0，则波特率发生器被禁止，SCI 模块也被禁止。当 BR=1～8191 时，根据 AW60 手册，SCI 波特率= $f_{\text{BUSCLK}}/(16 \times \text{BR})$，其中 f_{BUSCLK} 为内部总线频率。

CodeWarrior 开发平台中的 MC9S08AW60.h 文件中，与波特率寄存器相关的定义如下：

```
/*** SCI1BD - SCI1 Baud Rate Register; 0x00000038 ***/
typedef union {
  word Word;
  /* 重叠寄存器 */
  struct {
    /*** SCI1BDH - SCI1 Baud Rate Register High; 0x00000038 ***/
    union {
      byte Byte;
      struct {
        byte SBR8          :1;        /* 波特率分频因子 第 8 位 */
        byte SBR9          :1;        /* 波特率分频因子 第 9 位 */
        byte SBR10         :1;        /* 波特率分频因子 第 10 位 */
        byte SBR11         :1;        /* 波特率分频因子 第 11 位 */
        byte SBR12         :1;        /* 波特率分频因子 第 12 位 */
        byte               :1;
        byte               :1;
        byte               :1;
      } Bits;
      struct {
        byte grpSBR_8 :5;
        byte      :1;
        byte      :1;
        byte      :1;
      } MergedBits;
    } SCI1BDHSTR;
    #define SCI1BDH        _SCI1BD.Overlap_STR.SCI1BDHSTR.Byte
    #define SCI1BDH_SBR8   _SCI1BD.Overlap_STR.SCI1BDHSTR.Bits.SBR8
    #define SCI1BDH_SBR9   _SCI1BD.Overlap_STR.SCI1BDHSTR.Bits.SBR9
    #define SCI1BDH_SBR10  _SCI1BD.Overlap_STR.SCI1BDHSTR.Bits.SBR10
    #define SCI1BDH_SBR11  _SCI1BD.Overlap_STR.SCI1BDHSTR.Bits.SBR11
    #define SCI1BDH_SBR12  _SCI1BD.Overlap_STR.SCI1BDHSTR.Bits.SBR12
    #define SCI1BDH_SBR_8  _SCI1BD.Overlap_STR.SCI1BDHSTR.MergedBits.grpSBR_8
    #define SCI1BDH_SBR    SCI1BDH_SBR_8
*** SCI1BDL - SCI1 Baud Rate Register Low; 0x00000039 ***/
    union {
      byte Byte;
      struct {
        byte SBR0          :1;     /* 波特率分频因子 第 0 位 */
        byte SBR1          :1;     /* 波特率分频因子 第 1 位 */
```

```
            byte SBR2          :1;      /* 波特率分频因子  第 2 位 */
            byte SBR3          :1;      /* 波特率分频因子  第 3 位 */
            byte SBR4          :1;      /* 波特率分频因子  第 4 位 */
            byte SBR5          :1;      /* 波特率分频因子  第 5 位 */
            byte SBR6          :1;      /* 波特率分频因子  第 6 位 */
            byte SBR7          :1;      /* 波特率分频因子  第 7 位 */
          } Bits;
      } SCI1BDLSTR;
      #define SCI1BDL      _SCI1BD.Overlap_STR.SCI1BDLSTR.Byte
      #define SCI1BDL_SBR0   _SCI1BD.Overlap_STR.SCI1BDLSTR.Bits.SBR0
      #define SCI1BDL_SBR1   _SCI1BD.Overlap_STR.SCI1BDLSTR.Bits.SBR1
      #define SCI1BDL_SBR2   _SCI1BD.Overlap_STR.SCI1BDLSTR.Bits.SBR2
      #define SCI1BDL_SBR3   _SCI1BD.Overlap_STR.SCI1BDLSTR.Bits.SBR3
      #define SCI1BDL_SBR4   _SCI1BD.Overlap_STR.SCI1BDLSTR.Bits.SBR4
      #define SCI1BDL_SBR5   _SCI1BD.Overlap_STR.SCI1BDLSTR.Bits.SBR5
      #define SCI1BDL_SBR6   _SCI1BD.Overlap_STR.SCI1BDLSTR.Bits.SBR6
      #define SCI1BDL_SBR7   _SCI1BD.Overlap_STR.SCI1BDLSTR.Bits.SBR7


      } Overlap_STR;


    } SCI1BDSTR;
    extern volatile SCI1BDSTR _SCI1BD @0x00000038;
    #define SCI1BD                             _SCI1BD.Word
```

从上述程序中可以看出，在进行程序设计时可以直接用"SCIxBD"对该寄存器进行访问，这样就不需要考虑高低字节的访问顺序问题，而且可读性更好。

2. SCI 数据寄存器

SCI 数据寄存器(SCIxD)实际上包括两个独立的寄存器，分别对应接收数据缓冲器与发送数据缓冲器。接收数据时，读取数据寄存器 SCIxD 的内容，实际上是读取接收数据缓冲器(只读)的内容；发送数据时，将数据写到数据寄存器 SCIxD 中，实际上是写到发送数据缓冲器中。

3. SCI 控制寄存器

1) SCI 控制寄存器 1(SCIxC1)

该读/写寄存器用于设置 SCI 的工作方式，可选择运行模式、唤醒模式、空闲类型检测以及奇偶校验等。其定义如表 9.2 所示。

表 9.2　SCI 控制寄存器 1 位定义和复位值

数据位	D7	D6	D5	D4	D3	D2	D1	D0
定义	LOOPS	SCISWAI	RSRC	M	WAKE	ILT	PE	PT
复位	0	0	0	0	0	0	0	0

表 9.2 中，各位的意义如下：

D7——LOOPS，为循环模式选择位。在循环模式、单线模式和正常 2 线全双工模式之间选择。当 LOOPS = 1 时，发射器输出与接收器输入之间内部链接，此时是循环模式或单线模式；当 LOOPS = 0 时，正常工作(全双工方式)，RxD 和 TxD 使用独立的引脚。

D6——SCISWAI，为 SCI 等待模式停止位。SCISWAI=0，SCI 时钟在等待模式下继续运行，因此 SCI 可以是唤醒 CPU 的中断源；SCISWAI=1，SCI 时钟在等待模式下停止。

D5——RSRC，为接收器信号源位，此位仅在 LOOPS=1 时才有效。RSRC=0，接收器的输入在内部链接到发送器输出，循环模式，用于自测试，此时 SCI 不使用 RxD 引脚或 TxD 引脚；RSRC=1，单线模式，其中 TxD 引脚连接到发射器输出和接收器输入。

D4——M，为数据帧格式选择位(9 位或 8 位模式选择)。M=0，8 位模式，包括 1 个起始位、8 个数据位和 1 个停止位(其中 8 个数据位中最低有效位 LSB 在先)；M=1，9 位模式，包括 1 个起始位、9 个数据位和 1 个停止位(其中 9 个数据位中最低有效位 LSB 在先)。

D3——WAKE，为接收器唤醒模式选择位。WAKE=0，空闲线唤醒；WAKE=1，地址位唤醒。

D2——ILT，为空闲线类型选择位。ILT=0，在开始位后立即对空闲特征位计数；ILT=1，在停止位后开始对空闲特征位计数。

D1——PE，为奇偶校验使能位。PE=0，奇偶校验禁止；PE=1，奇偶效验使能。

D0——PT，为奇偶效验类型位，此位仅在 PE = 1 时有效。PT=0，偶效验；PT=1，奇效验。

以 SCI1C1 为例，MC9S08AW60.h 文件中与之相关的部分内容如下：

```
/*** SCI1C1 - SCI1 Control Register 1; 0x0000003A ***/
typedef union {
    byte Byte;
    struct {
        byte PT              :1;        /* 奇偶校验类型位 */
        byte PE              :1;        /* 奇偶校验类型位 */
        byte ILT             :1;        /* 空闲线类型选择位 */
        byte WAKE            :1;        /* 接收器唤醒模式选择位 */
        byte M               :1;        /* 9 位或 8 位模式选择位 */
        byte RSRC            :1;        /* 接收器信号源选择位 */
        byte SCISWAI         :1;        /* SCI 等待模式停止位 */
        byte LOOPS           :1;        /* 循环模式选择位 */
    } Bits;
} SCI1C1STR;
extern volatile SCI1C1STR _SCI1C1 @0x0000003A;
#define SCI1C1                       _SCI1C1.Byte
#define SCI1C1_PT                    _SCI1C1.Bits.PT
#define SCI1C1_PE                    _SCI1C1.Bits.PE
#define SCI1C1_ILT                   _SCI1C1.Bits.ILT
```

```
#define SCI1C1_WAKE          _SCI1C1.Bits.WAKE
#define SCI1C1_M             _SCI1C1.Bits.M
#define SCI1C1_RSRC          _SCI1C1.Bits.RSRC
#define SCI1C1_SCISWAI       _SCI1C1.Bits.SCISWAI
#define SCI1C1_LOOPS         _SCI1C1.Bits.LOOPS
```

因此，在程序设计时，可以以 SCIxC1_PT、SCIxC1_PE、SCIxC1_ILT、SCIxC1_WAKE、SCIxC1_M、SCIxC1_RSRC、SCIxC1_SCISWAI、SCIxC1_LOOPS(x=1, 2)访问 SCIxC1 中的 PT、PE、ILT、WAKE、M、RSRC、SCISWAI、LOOPS 控制位。

2) SCI 控制寄存器 2(SCIxC2)

该寄存器主要用于收/发相关中断控制的设置。其定义如表 9.3 所示。

表 9.3　SCI 控制寄存器 2 位定义和复位值

数据位	D7	D6	D5	D4	D3	D2	D1	D0
定义	TIE	TCIE	RIE	ILIE	TE	RE	RWU	SBK
复位	0	0	0	0	0	0	0	0

D7——TIE，为发送中断使能位，与状态寄存器 1 中的 TDRE 位配合使用。TIE=0，TDRE 中断请求禁止；TIE=1，TDRE 中断请求使能。

D6——TCIE，为发送完成中断使能位，与状态寄存器 1 中的 TC 位配合使用。TCIE=0，TC 中断请求禁止；TCIE=1，TC 中断请求使能。

D5——RIE，为接收中断使能位，与状态寄存器 1 中的 RDRF 位配合使用。RIE=0，RDRF 中断请求禁止；RIE=1，RDRF 中断请求使能。

D4——ILIE，为空闲线中断使能，与状态寄存器 1 中 IDLE 位配合使用。ILIE=0，IDLE 中断请求禁止；ILIE=1，IDLE 中断请求使能。

D3——TE，为发射器使能位。通常在 TE=1 时，TxD 引脚作为 SCI 系统的输出。但是，如果 LOOPS=1 且 RSRC=0，那么即使 TE=1，TxD 引脚也仍然会恢复为其共享引脚所属端口 PTB 的通用 I/O 引脚，当 SCI 配置为单线模式(LOOPS=1 且 RSRC=1)时，SCI 控制寄存器 3 中的 TXDIR 位将控制单线模式下 TxD 引脚的通信方向。通过对 TE 位先写 TE=0 然后写 TE=1，也可以对空闲字符排队。TE=0，发送器禁止；TE=1，发送器使能。

D2——RE，为接收器使能位，当 SCI 接收器禁用时，RxD 引脚将恢复为其共享引脚所属端口 PTB 的通用 I/O 引脚。RE=0，接收器禁止；RE=1，接收器使能。

D1——RWU，为接收器唤醒控制位，可用于将 SCI 接收器设置为备用状态，等待对选中的条件进行自动检测。唤醒方式有空闲线唤醒(WAKE=0)和地址位唤醒(WAKE=1)两种。RWU=0，SCI 接收器操作正常；RWU=1，接收器等待唤醒条件。

D0——SBK，为中止字符发送使能位。SBK = 0，发送器操作正常；SBK=1，发送中止字符。

以 SCI1C2 为例，MC9S08AW60.h 文件中与之相关的部分内容如下：

```
/*** SCI1C2 - SCI1 Control Register 2; 0x0000003B ***/
typedef union {
    byte Byte;
```

```
        struct {
            byte SBK            :1;        /*中止字符发送使能位 */
            byte RWU            :1;        /*接收器 SCI 唤醒控制位 */
            byte RE             :1;        /*接收器使能位 */
            byte TE             :1;        /*发射器使能位 */
            byte ILIE           :1;        /*空闲线中断使能位*/
            byte RIE            :1;        /*接收中断使能位*/
            byte TCIE           :1;        /*发射完成中断使能位 */
            byte TIE            :1;        /*发射中断使能位*/
        } Bits;
    } SCI1C2STR;
    extern volatile SCI1C2STR _SCI1C2 @0x0000003B;
    #define SCI1C2                            _SCI1C2.Byte
    #define SCI1C2_SBK                        _SCI1C2.Bits.SBK
    #define SCI1C2_RWU                        _SCI1C2.Bits.RWU
    #define SCI1C2_RE                         _SCI1C2.Bits.RE
    #define SCI1C2_TE                         _SCI1C2.Bits.TE
    #define SCI1C2_ILIE                       _SCI1C2.Bits.ILIE
    #define SCI1C2_RIE                        _SCI1C2.Bits.RIE
    #define SCI1C2_TCIE                       _SCI1C2.Bits.TCIE
    #define SCI1C2_TIE                        _SCI1C2.Bits.TIE
```

这样，在程序设计时，可以用 SCIxC2_TIE、SCIxC2_TCIE、SCIxC2_RIE、SCIxC2_ILIE、SCIxC2_TE、SCIxC2_RE、SCIxC2_RWU、SCIxC2_SBK 访问 SCIxC2 中的 TIE、TCIE、RIE、ILIE、TE、RE、RWU、SBK 控制位。

3) SCI 控制寄存器 3(SCIxC3)

该寄存器主要用于 9 个数据位、TxD 引脚方向、发送数据极性和错误中断等的控制。其定义如表 9.4 所示。

表 9.4　SCI 控制寄存器 3 位定义和复位值

数据位	D7	D6	D5	D4	D3	D2	D1	D0
定义	R8	T8	TXDIR	TXINV	ORIE	NEIE	FEIE	PEIE
复位	0	0	0	0	0	0	0	0

D7——R8，为接收器的第 9 个数据位。当 SCI 配置为 9 位数据模式(M=1)时，R8 作为第 9 个数据位。当读取这 9 位数据时，必须先读取 R8，再读取 SCIxD，因为读 SCIxD 能够完成自动的标记清除顺序，允许 R8 和 SCIxD 被新数据覆盖。

D6——T8，为发送器的第 9 个数据位。当 SCI 配置为 9 位数据模式(M=1)时，T8 作为第 9 数据位。写 9 位数据时，整个 9 位数据在 SCIxD 写入后被传输到 SCI 移位寄存器，因此 T8 应在 SCIxD 写入前写入(如果它需要从它的原来值中修改)。如果 T8 不需要在新值(例如当它用于生成标记或空间奇偶效验)中修改，它就不需要在每次写 SCIxD 时都重新写入。

D5——TXDIR，为单线模式中的 TxD 引脚方向位。当 SCI 配置为单线半双工模式 (LOOPS=RSRC=1)时，该位决定 TxD 引脚方向。TXDIR=0，单线模式下 TxD 引脚为输入；TXDIR=1，单线模式下 TxD 引脚为输出。

D4——TXINV，为发送数据极性控制位。设置该位可使发送数据输出的极性反转。TXINV=0，发送数据极性未被反转；TXINV=1，发送数据极性被反转。

D3——ORIE，为溢出中断使能位。该位使能溢出标记(OR)以生成硬件中断请求。ORIE=0，OR 中断禁止；ORIE=1，OR 中断使能。

D2——NEIE，为噪声错误中断使能位。该位使能噪声标志位(NF)以生成硬件中断请求。NEIE=0，NF 中断禁止；NEIE=1，NF 中断使能。

D1——FEIE，为成帧错误中断使能位。该位使能成帧错误标记(FE)以生成硬件中断请求。FEIE=0，NF 中断禁止；FEIE=1，NF 中断使能。

D0——PEIE，为奇偶校验错误中断允许位。该位使能奇偶错误标记(PF)以生成硬件中断请求。PEIE=0，PF 中断禁止；PEIE=1，PF 中断使能。

以 SCI1C3 为例，MC9S08AW60.h 文件中有如下定义：

```
/*** SCI1C3 - SCI1 Control Register 3; 0x0000003E ***/
typedef union {
  byte Byte;
  struct {
    byte PEIE        :1;        /*奇偶校验错误中断允许位*/
    byte FEIE        :1;        /*帧错误中断使能位*/
    byte NEIE        :1;        /*噪声错误中断使能位*/
    byte ORIE        :1;        /*溢出中断使能位*/
    byte TXINV       :1;        /*发送数据极性反转控制位*/
    byte TXDIR       :1;        /*单线模式中的 TxD 引脚方向位*/
    byte T8          :1;        /*发送器的第 9 个数据位*/
    byte R8          :1;        /* 接收器的第 9 个数据位*/
  } Bits;
} SCI1C3STR;
extern volatile SCI1C3STR _SCI1C3 @0x0000003E;
#define SCI1C3                    _SCI1C3.Byte
#define SCI1C3_PEIE               _SCI1C3.Bits.PEIE
#define SCI1C3_FEIE               _SCI1C3.Bits.FEIE
#define SCI1C3_NEIE               _SCI1C3.Bits.NEIE
#define SCI1C3_ORIE               _SCI1C3.Bits.ORIE
#define SCI1C3_TXINV              _SCI1C3.Bits.TXINV
#define SCI1C3_TXDIR              _SCI1C3.Bits.TXDIR
#define SCI1C3_T8                 _SCI1C3.Bits.T8
#define SCI1C3_R8                 _SCI1C3.Bits.R8
```

为此，在程序设计时，可以用 SCIxC3_R8、SCIxC3_T8、SCIxC3_TXDIR、SCIxC3_TXINV、SCIxC3_ORIE、SCIxC3_NEIE、SCIxC3_FEIE、SCIxC3_PEIE 访问 SCIxC3 中的 R8、T8、TXDIR、TXINV、ORIE、NEIE、FEIE、PEIE 控制位。

4. SCI 状态寄存器

SCI 模块有两个状态寄存器，分别为 SCI 状态寄存器 1(SCIxS1)、SCI 状态寄存器 2(SCIxS2)。

1) SCI 状态寄存器 1(SCIxS1)

SCIxS1 可显示 SCI 的运行情况，例如收/发数据是否已经完成，传输是否出错等。SCIxS1 只读(写无效)。清除该寄存器中的状态标志需要一定的软件顺序(无需写该寄存器)。其定义如表 9.5 所示。

表 9.5　SCI 控制寄存器 2 位定义和复位值

数据位	D7	D6	D5	D4	D3	D2	D1	D0
定义	TDRE	TC	RDRF	IDLE	OR	NF	FE	PF
复位	1	1	0	0	0	0	0	0

表 9.5 中各数据位意义如下：

D7——TDRE，为发送数据寄存器空标记位。该位在复位后置为 1；当一个发送数据从发送数据缓冲器转移到发送移位器后，该位置位。TDRE=0，发送数据寄存器(缓冲器)已满；TDRE=1，发送数据寄存器(缓冲器)为空。注意：为清除 TDRE，当 TDRE=1 时，应先对 SCIxS1 中的 TDRE 进行读操作，然后写 SCI 数据寄存器 SCIxD。

D6——TC，为发送完成标记位。TC=0，正在发送；TC=1，发送完成。

TC 位在复位后置为 1，或当 TDRE=1，且无数据、前导符或中止符正在发送，TC 置为 1。TC=1 时，可通过先读取 SCIxS1，然后进行以下任意一种操作，使 TC 位自动清除：

(1) 向 SCIxD 寄存器写入数据；

(2) 通过向 TE 写 0，然后向 TE 写 1，对一个前导字符排队；

(3) 通过向控制寄存器 2 的 SBK 位写 1，对一个中止字符排队。

D5——RDRF，为接收数据寄存器已满标志位。当一个数据从接收移位寄存器转移到接收数据寄存器后，该位置位。RDRF = 0，接收数据寄存器(缓冲器)空；RDRF = 1，接收数据寄存器(缓冲器)已满。注意：为清除 RDRF，应先对 SCIxS1 中的 RDRF 进行读操作，然后读 SCI 数据寄存器。

D4——IDLE，为空闲线标志位。如果 SCI 接收线在活动周期之后的空闲时间达到一个字符时间，则该位置位。当控制寄存器 1 中的 ILT=0 时，接收器从开始位计时空闲时间。因此，如果接收到的字符全为 1，那么这些位的时间加上停止位的时间是接收器检测到的空闲线的时间。当控制寄存器 1 中的 ITL=1 时，接收器从停止位开始计时空闲位时间。停止位和刚发送字符中的任意高电平位的时间不能作为接收器检测空闲线的时间。要清除该标志位，可先读 SCIxS1，然后读 SCIxD。该位清除后，只有在接收到一个新的字符且 RDRF=1 时，IDLE 才能再次置位，即使接收线在额外的周期内保持空闲状态，IDLE 也只置位一次。IDLE=0，没有检测到空闲线路；IDLE=1，检测到空闲线路。

D3——OR，为接收器溢出标记。当一个新的字符准备转移到接收数据寄存器(缓冲器)，但以前接收到的字符还未被读取时，OR 置位。要清除 OR，应先读 SCIxS1 中的 OR，然后读 SCIxD。OR=0，没有溢出；OR=1，接收溢出(新 SCI 数据丢失)。

D2——NF，为噪声标志位。在 SCI 接收器中采用了高级采样技术，它对起始位进行了 7 次采样，对数据位和停止位进行了 3 次采样。如果任意一次采样与其他采样不同，将置位 NF。NF=0，未检测到噪声；NF=1，在 SCIxD 的接收数据中检测到噪声。

D1——FE，为帧格式错误标志位。如果在应该出现停止位的时刻，检测到 0，则该位置位。要清除 FE，可先读 SCIxS1，再读 SCIxD。FE=0，未检测到帧错误，但这不能保证帧正确；FE=1，帧错误。

D0——PF，为奇偶效验错误标志位。当奇偶校验使能(PE=1)，且接收到数据的奇偶校验位与期望的奇偶校验值不匹配时，该位置位。PF=0，没有奇偶校验错误；PF=1，有奇偶校验错误。

以 SCI1S1 为例，在 MC9S08AW60.h 文件中有如下相关定义：

```
*** SCI1S1 - SCI1 Status Register 1; 0x0000003C ***/

typedef union {
  byte Byte;
  struct {
    byte PF          :1;        /*奇偶效验错误标志位*/
    byte FE          :1;        /*帧格式错误标志位*/
    byte NF          :1;        /*噪声标志位*/
    byte OR          :1;        /*接收器溢出标记位*/
    byte IDLE        :1;        /*空闲线标志位*/
    byte RDRF        :1;        /*接收数据寄存器已满标志位*/
    byte TC          :1;        /*发送完成标记位*/
    byte TDRE        :1;        /*发送数据寄存器空标记位*/
  } Bits;
} SCI1S1STR;

extern volatile SCI1S1STR _SCI1S1 @0x0000003C;
#define SCI1S1                    _SCI1S1.Byte
#define SCI1S1_PF                 _SCI1S1.Bits.PF
#define SCI1S1_FE                 _SCI1S1.Bits.FE
#define SCI1S1_NF                 _SCI1S1.Bits.NF
#define SCI1S1_OR                 _SCI1S1.Bits.OR
#define SCI1S1_IDLE               _SCI1S1.Bits.IDLE
#define SCI1S1_RDRF               _SCI1S1.Bits.RDRF
#define SCI1S1_TC                 _SCI1S1.Bits.TC
#define SCI1S1_TDRE               _SCI1S1.Bits.TDRE
```

这样在程序设计时，可以用 SCIxS1_TDRE、SCIxS1_TC、SCIxS1_RDRF、SCIxS1_IDLE、SCIxS1_OR、SCIxS1_NF、SCIxS1_FE、SCIxS1_PF 访问 SCIxS1 中的 TDRE、TC、RDRF、

IDLE、OR、NF、FE、PF 控制位。

2) SCI 状态寄存器 2(SCIxS2)

SCIxS2 可用于选择中止字符长度和显示接收器状态，该寄存器有一个只读状态标志，对只读状态标志的写无效。其定义和复位值如表 9.6 所示。

表 9.6　SCI 状态寄存器 2 位定义和复位值

数据位	D7	D6	D5	D4	D3	D2	D1	D0
定义	未定义	未定义	未定义	未定义	未定义	BRK13	未定义	RAF
复位	0	0	0	0	0	0	0	0

D2——BRK13，为中止字符长度位。BRK13 用于选择中止字符长度。成帧错误的检测不受该位状态的影响。BRK13=0，中止字符用 10 位时间(如果 M=1，则是 11 位时间)长度发送；BRK13=1，中止字符用 13 位时间(如果 M=1，则是 14 位时间)长度发送。

D0——RAF，为接收器活动标志位。当 SCI 接收器检测到有效起始位时，该位置位。当接收器检测到闲置线路时，该位自动清除。这种状态标记可以用来检查在引导 MCU 进入停止模式前，是否正在接收 SCI 字符。RAF=0，SCI 接收器闲置，正在等待起始位；RAF=1，SCI 接收器活动(RxD 输入不闲置)。

以 SCI1S2 为例，MC9S08AW60.h 文件中与之相关的部分内容如下：

```
/*** SCI1S2 - SCI1 Status Register 2; 0x0000003D ***/
typedef union {
    byte Byte;
    struct {
        byte RAF          :1;          /* 接收器活动标志位 */
        byte              :1;
        byte BRK13        :1;          /* 中止字符长度位 */
        byte              :1;
        byte              :1;
        byte              :1;
        byte              :1;
        byte              :1;
    } Bits;
} SCI1S2STR;
extern volatile SCI1S2STR _SCI1S2 @0x0000003D;
#define SCI1S2                        _SCI1S2.Byte
#define SCI1S2_RAF                    _SCI1S2.Bits.RAF
#define SCI1S2_BRK13                  _SCI1S2.Bits.BRK13
```

因此在程序设计时，可以用 SCIxS2_BRK13、SCIxS2_RAF 访问 SCIxS2 中的 BRK13、RAF 控制位。

9.2.3　串口调试器

本项目通过串口实现 AW60 与 PC 通信。为此 PC 上要提供一个软件接收来自 AW60 的数据，并显示给用户，用户还要借助该软件向 AW60 发送数据。串口调试器就是满足这一要求的软件。互联网中提供了众多免费的串口调试器，使用方法大同小异。

下面以 SSCOM 串口调试器为例，简要介绍其使用方法。选择该程序后运行，将出现图 9-9 所示的界面。

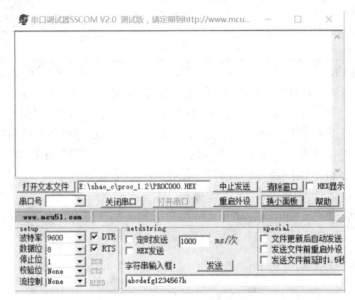

图 9-9　SSCOM 串口调试器界面

标题栏下方的空白栏为接收数据显示区域，点击打开文本文件按钮，选择好文件后，文件名显示在右边的编辑框中，可以实现文件发送。串口号是设定的 PC 机通信对象所用的 COM 号。关闭串口和打开串口决定是否接收或发送数据。如果要按十六进制形式显示接收数据，则将 HEX 显示选项选中。

在 setup 下方是串口通信参数设置区域。其中的波特率一定要和通信对象保持一致，否则无法通信。数据位、停止位、校验位以及流控制也需要双方一致。

setdstring 下方可以设定定时发送，定时时间可设定为多少毫秒发送一次。还可以选择是否以十六进制发送。在字符输入框中可以编辑发送内容，完成编辑后，点击发送按钮后，串口调试助手会将编辑框中的内容发送出去。

9.3　项目硬件设计

本项目串行通信的硬件设计图如图 9-10 所示。PC 串口通过 RS-232 线缆与 DB9 相连。设计图中的 LED1、LED2 发光二极管在有数据通信时闪烁，以指示通信状态。AW60 的 SCI1 通信接口与 MAX232 的 11、12 脚相连。

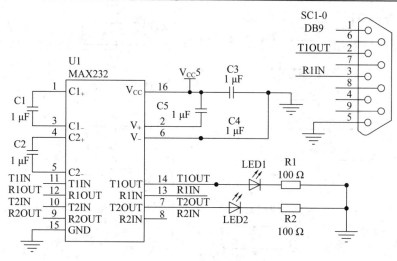

图 9-10　AW60 串行通信硬件设计图

9.4　项目软件设计

9.4.1 软件流程设计

　　按照软件模块化设计原则，项目软件由 MCU 初始化模块、SCI 模块、中断模块、主程序模块构成。SCI 模块主要提供 SCI 初始化功能，设置通信波特率，设置通信规约，如传送位数、有无奇偶校验位、是否允许发送或接收中断等，也就是要对 SCI 模块中的波特率寄存器以及三个 SCI 控制寄存器进行设置。由于 SCI 是以字节为单位发送的，因此 SCI 模块还要有单个字符发送功能，以此为基础还提供字符串发送功能。一般来说，数据发送是主动的，而数据接收是被动的，因此发送数据采用查询法，接收数据采用中断方式。中断模块响应 SCI 接收中断，完成数据接收，同时将接收到的数据发送给 PC。主程序完成相关初始化后发送初始字符串，之后就进入空操作循环。

　　主程序、串口接收中断处理、串口初始化、单个字符发送、字符串发送流程分别如图 9-11 至图 9-15 所示。

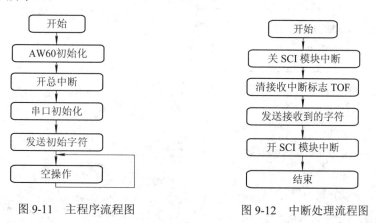

图 9-11　主程序流程图　　　　　　　　　图 9-12　中断处理流程图

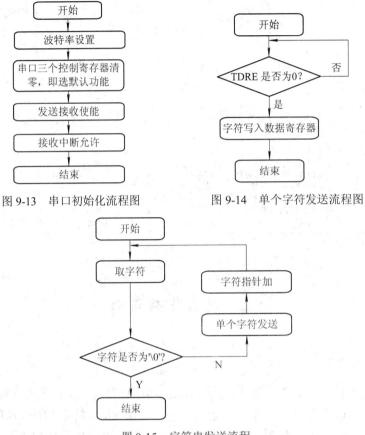

图 9-13　串口初始化流程图　　　　　图 9-14　单个字符发送流程图

图 9-15　字符串发送流程

9.4.2　软件结构与代码设计

本项目软件由 MCU 模块、通用模块、SCI 模块、中断模块和主程序模块构成。其中 MCU 模块、通用模块与以前的项目相同，在构建项目软件框架后只需将它们添加到项目中即可。SCI 模块、主程序模块和中断模块如下所示。

1. SCI 模块

```
//-------------------------------------------------*
// 文件名: sci.h                      *
// 说  明: SCI 模块头文件               *
//-------------------------------------------------*
#ifndef   SCI_H
#define   SCI_H
   //1 头文件
   #include "MC9S08AW60.h"            //映像寄存器地址头文件
   //2 宏定义
   //3 函数声明
   void sci_init(void);               // SCI 通信模块初始化
```

```
        void sci_send_char(unsigned char ch);          //查询法发送单个字符
        void sci_send_string(unsigned char *p_ch);      //查询法发送一个字符串
#endif


//-----------------------------------------------------------------------*
// 文件名: sci.c                                                          *
// 说    明: SCI 模块源程序文件                                           *
//-----------------------------------------------------------------------*
#include "sci.h"


//---------------------------------------*
//函数名: sci_init                        *
//功    能: 串行通信模块初始化             *
//参    数: 无                            *
//返    回: 无                            *
//---------------------------------------*
void sci_init(void)
{
    //每次运算最好不要超过两个字节的数值;
    SCI1BD      = 200000/(16*96);//波特率初始化,波特率为 9600
    SCI1C1      = 0B0000000;//8 位模式，其他功能默认
    SCI1C2      = 0B0000000;//先设置 SCI1C2 默认
    SCI1C2_RIE = 1;//接收中断允许
    SCI1C2_TE   = 1;//发送使能
    SCI1C2_RE   = 1;// 接收使能
    SCI1C3      = 0;//默认功能
}


//---------------------------------------*
//函数名: sci_send_char                   *
//功    能: 查询法发送一个字符             *
//参    数: 字符                          *
//返    回: 无                            *
//---------------------------------------*
void sci_send_char(unsigned char ch)
{
    while(!SCI1S1_TDRE)//未发送完不退出该循环
    {
        ;
```

```
    }
    SCI1D=ch;//发送数据
}


//----------------------------------------*
//函数名: sci_send_string              *
//功  能: 查询法发送一个字符串    *
//参  数: 字符串指针                 *
//返  回: 无                          *
//----------------------------------------*
void sci_send_string(unsigned char *p_ch)
{
    while(*p_ch!='\0')//发送数据为字符串结束符，则字符串发送完成
    {
        sci_send_char(*p_ch);
        p_ch++;//取下一个字符
    }
}
```

2. 主程序模块

```
#include <hidef.h> /* 包含中断允许宏 */
#include "derivative.h" /* 包括外围设备声明 */
#include "sci.h"
#include "MCUInit.h"
//--------------------------------------------------------------------------------*
//完成初始化后发送初始字符串，然后执行空循环                *
//接收到的字符在中断处理函数中发送给 PC                  *
//--------------------------------------------------------------------------------*
void main(void)
{
    unsigned char *p_ch="welcome wxcu\n";
    MCUInit();
    EnableInterrupts; /* 禁止中断 */
    sci_init();
    sci_send_string(p_ch);
    for(;;)
    {
        ;
    } /* 循环不退出 */
```

```
    /*  确保主程序始终处于运行状态  */

}
```

3. SCI 接收中断模块

```
//-----------------------------------------------*
// 文件名: isr.h                    *
// 说    明: 中断模块头文件           *
//-----------------------------------------------*
#ifndef ISR_H
#define ISR_H
  #include "MC9S08AW60.h"
      // 在此添加全局变量声明
#endif


//-----------------------------------------------*
// 文件名: isr.c                     *
// 说    明: 中断模块源程序文件          *
//-----------------------------------------------*

#include "isr.h"
#include "sci.h"
//-------------------------------------------*
//函数名: isr_sci1                 *
//功    能: SCI接收中断处理函数    *
//参    数: 无                     *
//返    回: 无                     *
//-------------------------------------------*
interrupt void isr_sci1_receive(void)
{
    SCI1C2_RIE = 0;//关串口1接收中断使能
    SCI1S1_RDRF;//读一次，清中断标志
    sci_send_char(SCI1D);//清除接收数据缓冲区满中断标志
    SCI1C2_RIE = 1;//开串口1接收中断使能
}
//未定义的中断处理函数,本函数不能删除
interrupt void isrDummy(void)
{


}
```

```
//中断处理子程序类型定义
typedef void( *ISR_func_t)(void);
//中断矢量表,如果需要定义其他中断函数,请修改下表中的相应项目
const ISR_func_t ISR_vectors[] @0xFFCC =
{
    isrDummy,             //时基中断
    isrDummy,             //IIC中断
    isrDummy,             //ADC转换中断
    isrDummy,             //键盘中断
    isrDummy,             //SCI2发送中断
    isrDummy,             //SCI2接收中断
    isrDummy,             //SCI2错误中断
    isrDummy,             //SCI1发送中断
    isr_sci1_receive,     //SCI1接收中断
    isrDummy,             //SCI1错误中断
    isrDummy,             //SPI中断
    isrDummy,             //TPM2溢出中断
    isrDummy,             //TPM2通道1输入捕捉/输出比较中断
    isrDummy,             //TPM2通道0输入捕捉/输出比较中断
    isrDummy,             //TPM1溢出中断
    isrDummy,             //TPM1通道5输入捕捉/输出比较中断
    isrDummy,             //TPM1通道4输入捕捉/输出比较中断
    isrDummy,             //TPM1通道3输入捕捉/输出比较中断
    isrDummy,             //TPM1通道2输入捕捉/输出比较中断
    isrDummy,             //TPM1通道1输入捕捉/输出比较中断
    isrDummy,             //TPM1通道0输入捕捉/输出比较中断
    isrDummy,             //ICG的PLL锁相状态变化中断
    isrDummy,             //低电压检测中断
    isrDummy,             //IRQ引脚中断
    isrDummy,             //SWI指令中断
    //RESET是特殊中断,其向量由开发环境直接设置(在本软件系统的Start08.o文件中)
};
```

9.4.3　系统测试

代码下载到 AW60 后,在 PC 上打开串口调试工具,根据 AW60 串行通信程序,将串口调试器中的波特率设为 9600 b/s,数据位设为 8 位,无奇偶校验,无流控,根据所有串口号,设定好串口调试工具中的串口号,打开串口。

点击 CW 平台中的运行按钮后,串口调试器出现由 AW60 发送的初始字符串,这样就

可以在串口调试器中输入发送内容，点击发送将数据发送给 AW60。

设 计 小 结

1. 串口通信虽然通信速率较低，但是由于其硬件结构简单，协议不复杂，实现容易，因此应用最为广泛。用串口对相关功能模块进行配置是系统集成中经常使用的方法。因此掌握好串口应用非常必要。

2. 近距离的串口通信，可以将双方的串口直接相连，只是连接时要注意将一方的 TXD 和另一方的 RXD 引脚相连。如果通信距离较远，就要利用 RS-232C 接口延长通信距离，当然需要进行 TTL 电平和 RS-232C 标准电平转换，常用的电平转换芯片是 MAX232。

习　　题

1. 简述串行通信的传输方式的种类及其特点。
2. 简述 AW60 串行通信接收中断和发送中断标志清除方式。
3. 以本项目为基础，设计一个将 PC 发送来的四位数字显示在四位数码管中的系统。

项目 10　简易秒表设计

10.1　项目内容与要求

(1) 利用 AW60 自带的定时器和四位 LED 数码管设计一个秒表，开机后数码管从零开始按秒计时。

(2) 掌握定时器模块状态与控制寄存器各位功能及配置。

(3) 掌握预置寄存器作用及相关参数计算方法。

(4) 掌握定时器中断软件设计方法。

(5) 了解 AW60 的定时器结构。

10.2　项目背景知识

10.2.1　AW60 定时器模块概况

在流水灯项目中，每个 LED 二极管点亮的状态保持一定的时间，这个就涉及定时的问题。在流水灯项目中，我们采用的是软件定时的方法，即调用延时函数实现定时，这种方法使用方便，但是存在最大的不足是占用 CPU 的运行时间。为解决这一问题，一般的 MCU 内部都集成了定时器模块。该定时器模块不仅能够与 CPU 并行工作，提供可编程定时功能 (可编程是指可以由设计者进行功能选择和配置)，还同时提供额外的功能。由于定时器是通过对脉冲计数来进行定时的，因此定时器也具有计数功能，有时也将其统称为定时器或计数器。

AW60 提供两个独立的定时器，分别称为定时器 1(TPM1)和定时器 2(TPM2)，其中定时器 1 有 6 个外接通道，定时器 2 有 2 个外接通道。这些定时器不仅能够对内部时钟进行计数，还能通过外接通道对外部脉冲进行计数。两个定时器寄存器的设置和功能是完全相同的，只是寄存器的地址和通道号不同。

10.2.2　定时/计数相关寄存器

AW60 定时器内部组成框图如图 10-1 所示。可以看出定时器不仅有计数/定时功能，还能进行输入捕捉、输出比较、模拟 PWM 等。

定时器的核心是一个工作时不断进行加或减的 16 位计数寄存器，简称为计数器。该计数器的时钟可以由外部提供，也可以由 MCU 内部固定时钟提供，还可以由锁相环模块得到的总线时钟提供。时钟根据预设的分频因子分频送入计数器，相互独立的定时器可以使用不同的分频因子。同一定时器的所有动作都以这个经过分频的频率作为参考，所以相互之间都有确定的关系。从 MCU 的角度看，真正的时间间隔转化成了计数器的计数值，所以在任何时候可以通过读取计数器的值来确定经历的时间。其内部有状态和控制寄存器，通过对状态和控制寄存器相关位的设置，可以进行计数时钟源、分频因子进行配置，进而确定每经过多长时间计数器加 1，即定时间隔。还可以通过对状态和控制寄存器的相关位进行设置，决定在计数器溢出时，是否允许定时器模块向 CPU 发出中断请求。利用这样的中断，编写中断例程，实现预设的功能。还可以查询状态和控制寄存器特定位，了解计数器是否溢出。

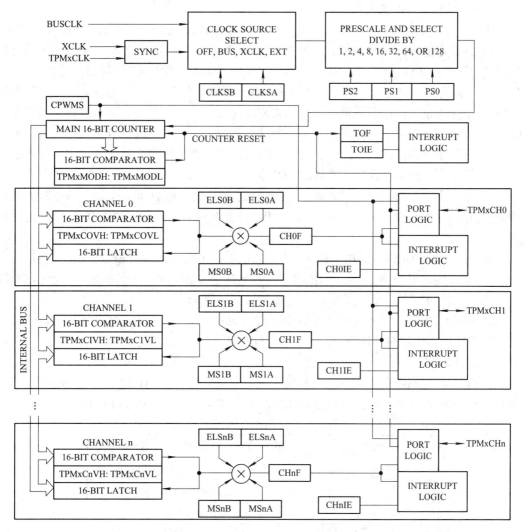

图 10-1 AW60 定时器组成框图

在定时器内部有计数寄存器，用以保存计数值。在定时器内部还有个预置寄存器，当计数器的值等于预置寄存器的值时，称为计数器溢出。当计数器溢出时，计数器的值被清0，同时将计数器溢出标志等状态位置于状态和控制寄存器中。使用预置计数功能可以得到精确的溢出时间，即定时时间。可以在任何时候暂停或清除计数器的计数。

1. TPM 状态和控制寄存器

TPM 状态和控制寄存器(Timer x Status and Control Registers，TPMxSC，其中 x 取 1 表示定时器 1，取 2 表示定时器 2)位结构如表 10.1 所示。

表 10.1　TPM 状态和控制寄存器位结构及其复位初始值

数据位	D7	D6	D5	D4	D3	D2	D1	D0
定义	TOF	TOIE	CPWMS	CLKSB	CLKSA	PS2	PS1	PS0
复位	0	0	0	0	0	0	0	0

表 10.1 各数据位的意义如下：

D7——TOF 为定时器溢出标志位(Timer Over Flag Bit)。当 16 位计数寄存器 TPMxCNT 中的值达到设定值(在 16 位预置寄存器 TPMxMOD 中，x 值相应选用 1 或 2，表示定时器 1 或定时器 2)时，TOF=1，同时 TPMxCNT = $0000。读取定时器状态和控制寄存器 TPMxSC，并向这一位写入零可以清除该标志位。虽然该位为 1 时，可以向这一位写入零用以清除该标志位，但由于该位为状态标志位，向该位写入零没有意义。另外，如果在清除该标志位之前又发生了定时器的溢出，则这一次的清零无法完成。若允许定时器溢出中断，就保证了定时器的溢出中断不会丢失。但是，这也要求程序必须在每一次定时器溢出发生后，且在下一次溢出发生之前清除 TOF 位。

在使用溢出中断的情况下，要求在中断返回之前必须清除 TOF 位，而且该中断的处理时间不能超过一次计数溢出的时间。TOF = 0，计数器没有达到预置值；TOF = 1，定时器溢出。

D6——TOIE 为定时器溢出中断允许位(Timer Overflow Interrupt Enable Bit)。该位用来设置是否允许定时器溢出中断。TOIE=1，允许定时器溢出中断，TOIE=0，不允许定时器溢出中断。该位可读写，读取的数值就是该位的实际值。

D5——CPWMS 为中心对齐 PWM 选择位(Center-Aligned PWM Select Bit)。对于输入捕捉、输出比较和边沿对齐排列 PWM 功能，TPM 以增计数模式运行。对于中心对齐 PWM 功能，设置 CPWMS 可将 TPM 重新配置为以增/减计数模式运行。CPWMS=0，通过对每个通道的状态和控制寄存器的 MSnB:MSnA 进行选择，所有 TPM 通道运行为输入捕捉、输出比较或边沿对齐 PWM 模式；CPWMS=1，所有 TPM 通道以中心对齐 PWM 模式运行。

表 10.2　TPM 时钟源选择

CLKSB:CLKSA	预分频器输入的TPM 时钟源
0：0	没有选择的时钟(TPM 屏蔽)
0：1	总线时钟(BUSCLK)
1：0	固定系统时钟(XCLK)
1：1	外部时钟源(TPMCLK)

D4～D3——CLKS，为时钟源选择位(Clock Source Select Bit)。如表 10.2 所示，这两位用于禁用 TPM 系统，或选择三个时钟源中的一个用于驱动计数预分频器。通过一个片上同步电路，外部时钟源和 XCLK 与总线时钟进行同步。

D2～D0——PS2～PS0 为定时器分频因子选择位(Timer Prescaler Select Bits)。这三位定

义定时器的分频因子 p。设 PS2～PS0 的值为 x，手册给出 p 与 x 的关系是：$p=2^x$。设 f_{BUS} 为总线频率，则定时器的计数寄存器的计数频率为：计数频率＝f_{BUS}/p。复位时，PS2、PS1、PS0 均为 0，即 p=1，此时，计数频率＝f_{BUS}。由于预置寄存器是 16 位，其表示的数值范围有限(0～65535)分频因子的选取应根据总线频率 f_{BUS}、预置寄存器的设定值、希望的定时时间来综合考虑和确定。

在 CW 开发平台中的 MC9S08AW60.h 文件中，与定时器 1 状态和控制寄存器相关的定义如下：

```
/*** TPM1SC - TPM 1 Status and Control Register; 0x00000020 ***/
typedef union {
    byte Byte;
    struct {
        byte PS0        :1;             /*定时器分频因子选择第 0 位*/
        byte PS1        :1;             /*定时器分频因子选择第 1 位*/
        byte PS2        :1;             /*定时器分频因子选择第 2 位*/
        byte CLKSA      :1;             /*时钟源选择第 A 位*/
        byte CLKSB      :1;             /*时钟源选择第 B 位*/
        byte CPWMS      :1;             /*中心对齐 PWM 选择位*/
        byte TOIE       :1;             /*定时器溢出中断允许位*/
        byte TOF        :1;             /*定时器溢出标志位*/
    } Bits;
    struct {
        byte grpPS      :3;
        byte grpCLKSx   :2;
        byte           :1;
        byte           :1;
        byte           :1;
    } MergedBits;
} TPM1SCSTR;
extern volatile TPM1SCSTR _TPM1SC @0x00000020;
#define TPM1SC                  _TPM1SC.Byte
#define TPM1SC_PS0              _TPM1SC.Bits.PS0
#define TPM1SC_PS1              _TPM1SC.Bits.PS1
#define TPM1SC_PS2              _TPM1SC.Bits.PS2
#define TPM1SC_CLKSA            _TPM1SC.Bits.CLKSA
#define TPM1SC_CLKSB            _TPM1SC.Bits.CLKSB
#define TPM1SC_CPWMS            _TPM1SC.Bits.CPWMS
#define TPM1SC_TOIE             _TPM1SC.Bits.TOIE
#define TPM1SC_TOF              _TPM1SC.Bits.TOF
#define TPM1SC_PS               _TPM1SC.MergedBits.grpPS
```

```
#define TPM1SC_CLKSx                          _TPM1SC.MergedBits.grpCLKSx
```

因此，在 CW 开发平台中，可用 TPM1SC_TOF、TPM1SC_TOIE、TPM1SC_CPWMS、TPM1SC_CLKSx、TPM1SC_PS 标识符对定时器 1 的状态和控制寄存器的相关位进行访问和设置。同样也可以用类似的方式对定时器 2 的状态和控制寄存器的相关位进行访问和设置(只需将标识符中的 1 改为 2)。

2. TPM 计数寄存器

TPM 计数寄存器(Timer x Counter Register,TPMxCNT)是一个 16 位寄存器，分为高 8 位、低 8 位，它的作用是：当定时器的状态和控制寄存器的时钟源位不等于 0 时，即允许计数时，每一计数周期，其值自动加 1，当它达到设定值(在 16 位预置寄存器中)时，TOF=1，同时计数寄存器自动清 0。复位时，计数寄存器的初值为$0000。

在 CW 开发平台中的 MC9S08AW60.h 文件中，与定时器 1 计数寄存器相关的定义如下：

```
/*** TPM1CNT - TPM 1 Counter Register; 0x00000021 ***/

typedef union {
  word Word;
   /* 重叠寄存器 */
  struct {
    /*** TPM1CNTH - TPM 1 Counter Register High; 0x00000021 ***/
    union {
      byte Byte;
    } TPM1CNTHSTR;
    #define TPM1CNTH            _TPM1CNT.Overlap_STR.TPM1CNTHSTR.Byte
    /*** TPM1CNTL - TPM 1 Counter Register Low; 0x00000022 ***/
    union {
      byte Byte;
    } TPM1CNTLSTR;
    #define TPM1CNTL            _TPM1CNT.Overlap_STR.TPM1CNTLSTR.Byte
  } Overlap_STR;

} TPM1CNTSTR;
extern volatile TPM1CNTSTR _TPM1CNT @0x00000021;
#define TPM1CNT                 _TPM1CNT.Word
```

因此，在 CW 开发平台中，可用"TPM1CNT"标识符访问定时器 1 的计数寄存器。同样也可以用"TPM2CNT"标识符访问定时器 2 的计数寄存器。

3. TPM 预置寄存器

TPM 预置寄存器(Timer x Counter Modulo Register , TPMxMOD)是一个 16 位寄存器，可分为高 8 位、低 8 位，它的作用是：设定计数寄存器的计数溢出值。复位时，预置寄存器的初值为$FFFF。这里把这个寄存器的中文名称译为"预置寄存器"是为了理解方便，本质上是模值，即当"计数寄存器"的值达到这个寄存器的值时"计数寄存器"就清 0 了。

在确定预置寄存器的设定值时，需要考虑到其值不能超过 65535(16 位二进制所能表示的最大数)，当设定值超过 65535 时，需要考虑增大分频因子 p。

例如：f_{BUS}＝2MHz=2000000Hz，希望产生 t=1 秒的定时间隔，设 TPMxMOD=n，分频因子为 p。由于 $t=n/(f_{BUS}/p)$，则 $n=t\times(f_{BUS}/p)$。

若选择 p<32，比如 $p=2^4=16$，则有 n=1×(2000000/32)=125000。超出了 65535 位，无法装入预置寄存器。所以，p 必须取更大值。

如 $p=2^5=32$，则 n=1×(2000000/32)=62500<65535，可以装入预置寄存器，满足要求。

若 $p=2^6=64$，则：n=1×(2000000 / 64) <65535

若 p=27=128，则：n=1×(2000000/128) <65535。

当然，在这样的总线频率下，要想产生较大的定时间隔，例如 t=8 秒，即使取 $p=2^7=128$，n=8×(2000000/128)=125000 >65535，也会产生无法装入预置寄存器问题，这样的时间间隔可通过对定时器溢出中断程序次数进行计数来进行。

需要指出的是，在给预置寄存器赋值时，不需要将其转换为 16 进制，可以直接以 10 进制进行赋值。

在 CW 开发平台中的 MC9S08AW60.h 文件中，与定时器 1 预置寄存器相关的定义如下：

```
/*** TPM1MOD - TPM 1 Timer Counter Modulo Register; 0x00000023 ***/
typedef union {
  word Word;
   /* 重叠寄存器 */
  struct {
    /*** TPM1MODH - TPM 1 Timer Counter Modulo Register High; 0x00000023 ***/
    union {
      byte Byte;
    } TPM1MODHSTR;
    #define TPM1MODH        _TPM1MOD.Overlap_STR.TPM1MODHSTR.Byte

    /*** TPM1MODL - TPM 1 Timer Counter Modulo Register Low; 0x00000024 ***/
    union {
      byte Byte;
    } TPM1MODLSTR;
    #define TPM1MODL        _TPM1MOD.Overlap_STR.TPM1MODLSTR.Byte
  } Overlap_STR;
} TPM1MODSTR;

extern volatile TPM1MODSTR _TPM1MOD @0x00000023;
#define TPM1MOD                        _TPM1MOD.Word
```

因此，在 CW 开发平台中，可用 TPM1MOD 标识符访问定时器 1 的预置寄存器。同样也可以用 TPM2MOD 标识符访问定时器 2 的预置寄存器。

10.3 项目硬件设计

本项目使用 LED 进行秒数显示，因此硬件设计主要涉及四位 LED，该部分硬件设计与项目 6 相同，在此不再赘述。

10.4 项目软件设计

10.4.1 软件结构与流程设计

本项目软件包括主程序模块、定时器 1 模块、LED 显示模块、延时模块、芯片初始化模块、中断模块。其中芯片初始化模块、LED 显示模块、延时模块与项目 6 相同。定时器模块定义了两个函数，一个是定时器初始化函数，主要进行定时器中状态及控制寄存器和预置寄存器的初始化工作，由于时钟源选择总线时钟(选择好时钟源即是启动定时器)，即 20MHz，定时间隔为 1 秒，则分频因子为 6，预置寄存器溢出数值为 31250。另外一个函数为定时器启动函数，即设定定时器的时钟源为总线时钟。主程序先进行定时器、LED 显示、MCU 初始化，再启动定时器，然后循环显示秒数，其具体流程图如图 10-2 所示。定时器溢出后，在对应的中断处理程序中主要进行秒数加 1 操作。主程序和中断程序是通过全局变量进行通信。中断程序流程图如图 10-3 所示。

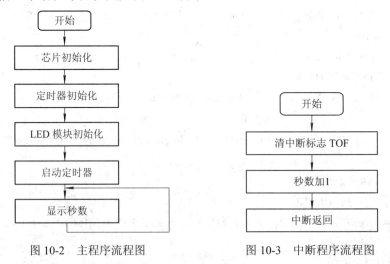

图 10-2　主程序流程图　　　　图 10-3　中断程序流程图

10.4.2 软件结构与代码设计

本项目软件由 MCU 模块、定时器模块、中断模块和主程序模块构成。其中 MCU 模块、通用模块与以前的项目相同，在构建项目软件框架后只需将他们添加到项目中即可。

1. 定时器模块

```
//-------------------------------------------------*
```

```
// 文件名: timer1.h                        *
// 说    明: 定时器 1 模块头文件            *
//------------------------------------------------*
#ifndef TIMER1_H
#define TIMER1_H
    #include "MC9S08AW60.h"
    void timer1_init(void);
    void start_timer1(void);
#endif


//------------------------------------------------*
// 文件名: timer1.c                        *
// 说    明: 定时器 1 源程序文件            *
//------------------------------------------------*
#include "timer1.h"
//------------------------------------------------------------*
// 函数名: timer1_init          功  能: 定时器初始化, 定时器工作模式选择    *
// 参    数: 无                 返回值: 无                                 *
//------------------------------------------------------------*
void timer1_init(void)
{
    TPM1SC_TOIE=1;//定时器 1 中断关闭
    TPM1SC_CLKSx=0;//定时器不工作
    TPM1SC_PS=0b110;//设定分频因子
    TPM1MOD=31250;//设定溢出值;
}
//------------------------------------------------------------*
// 函数名: start_timer1         功  能: 启动定时器, 即定时器时钟源选择    *
// 参    数: 无                 返回值: 无                                *
//------------------------------------------------------------*

void start_timer1(void)
{
    TPM1SC_CLKSx=0b10;        //选择总线时钟


}
```

2. 主程序模块

```
#include <hidef.h> /* 包含中断允许宏 */
```

```
#include "derivative.h" /* 包括外围设备声明 */
#include "show_num.h"
#include "timer1.h"
#include "MCUinit.h"

unsigned int sec=0;              //全局变量定义，中断模块予以修改

void main(void)
  {
          EnableInterrupts;      /* 禁止中断 */
          MCUInit();             //芯片初始化
          led_port_init();       //LED 初始化
          timer1_init();         //定时器初始化
          start_timer1();        //启动定时器
          for( ; ; )
      {
          show_num(sec,10);      //显示当前秒数
      } /* 永不退出 */
```

3. 中断模块

```
//---------------------------------------------*
// 文件名: isr.h                        *
// 说    明: 中断模块头文件                *
//---------------------------------------------*
#ifndef ISR_H
#define ISR_H
  //#include "show_num.h"
  #include "MC9S08AW60.h"
  // 在此添加全局变量声明
  extern unsigned int sec;//外部变量声明


#endif


//--------------------------------------------------------------------*
// 文件名: isr.c                                          *
// 说    明: 中断处理函数源程序文件                            *
//--------------------------------------------------------------------*


#include "isr.h"
```

```
//---------------------------------------------*
//函数名: isr_timer1                           *
//功  能: 定时器 1 溢出中断处理函数            *
//中断函数不可有参数和返回值                   *
//---------------------------------------------*
interrupt void isr_timer1(void)
{
    //由于中断处理时间很短，所以可以考虑不关闭中断使能
    TPM1SC_TOF=0;//清定时器 1 溢出中断标志
    sec++;//秒数加 1
}
//---------------------------------------------*
//函数名: isrDummy                             *
//功  能: 未定义的中断处理函数                 *
//中断函数不可有参数和返回值                   *
//本函数不能删除                               *
//---------------------------------------------*
interrupt void isrDummy(void)
{

}

//中断处理子程序类型定义
typedef void( *ISR_func_t)(void);

//中断矢量表，如果需要定义其他中断函数，请修改下表中的相应项目
const ISR_func_t ISR_vectors[] @0xFFCC =
{
    isrDummy,            //时基中断
    isrDummy,            //IIC 中断
    isrDummy,            //ADC 转换中断
    isrDummy,            //键盘中断
    isrDummy,            //SCI2 发送中断
    isrDummy,            //SCI2 接收中断
    isrDummy,            //SCI2 错误中断
    isrDummy,            //SCI1 发送中断
    isrDummy,            //SCI1 接收中断
    isrDummy,            //SCI1 错误中断
    isrDummy,            //SPI 中断
```

```
    isrDummy,            //TPM2 溢出中断
    isrDummy,            //TPM2 通道 1 输入捕捉/输出比较中断
    isrDummy,            //TPM2 通道 0 输入捕捉/输出比较中断
    isr_timer1,          //TPM1 溢出中断
    isrDummy,            //TPM1 通道 5 输入捕捉/输出比较中断
    isrDummy,            //TPM1 通道 4 输入捕捉/输出比较中断
    isrDummy,            //TPM1 通道 3 输入捕捉/输出比较中断
    isrDummy,            //TPM1 通道 2 输入捕捉/输出比较中断
    isrDummy,            //TPM1 通道 1 输入捕捉/输出比较中断
    isrDummy,            //TPM1 通道 0 输入捕捉/输出比较中断
    isrDummy,            //ICG 的 PLL 锁相状态变化中断
    isrDummy,            //低电压检测中断
    isrDummy,            //IRQ 引脚中断
    isrDummy,            //SWI 指令中断
    //RESET 是特殊中断,其向量由开发环境直接设置(在本软件系统的 Start08.o 文件中)
};
```

设 计 小 结

1. 定时器定时的优点一是较为准确，二是与 CPU 并行工作，不占用 CPU 运行时间。

2. 定时器本质上对脉冲信号进行计数。

3. 使用定时器主要涉及计数脉冲源选择，脉冲分频参数配置，计数溢出数配置，中断方式选择。

4. 定时器溢出中断标志清零是通过写入 0 来实现的。

习 题

1. 简述 AW60 定时器状态和控制寄存器各位功能。

2. 简述定时器软件设计要点。

3. 以本项目为基础，设计一个 1 分钟间隔的"分表"，即数码管数字每隔 1 分钟加 1。

项目 11 按键抖动捕捉

11.1 项目内容与要求

(1) 利用 AW60 定时器通道的输入捕捉功能来捕捉按键抖动,并将抖动次数用四位 LED 数码管进行显示;捕捉次数为偶数时,启动蜂鸣器,为奇数时关闭蜂鸣器。

(2) 掌握 TPM 通道数值寄存器的作用。

(3) 能够根据信号捕捉要求正确配置 TPM 通道状态和控制寄存器。

(4) 掌握信号捕捉中断处理程序的设计方法。

11.2 项目背景知识

11.2.1 输入捕捉

输入捕捉是指能感知外部输入信号的变化,即感知外部信号在高低电平之间的跳变。由高电平变为低电平的跳变称为下跳变,由低电平变为高电平的跳变称为上跳变。通过对信号跳变的感知,可以监测外部事件发生或信号变化。在 MCU 中,一般将输入捕捉功能集成在定时器模块中,以方便记录跳变发生的时刻。定时器捕捉到特定的跳变后,会将计数寄存器当前的值锁存到通道寄存器。这样系统可以根据通道寄存器的数值计算出事件发生或信号跳变的时间。

输入捕捉还能用于脉冲宽度和周期测量。如图 11-1 所示,如果先指定捕捉上跳变,则上跳沿 1 到来时,定时器将计数值保存到通道寄存器。读取该通道寄存器数值并保存,然后指定捕捉下跳变。在下跳沿 2 到来时,定时器将此刻的计数值保存到通道寄存器,读取该通道寄存器值,并与前次保存的值相减,结合计数脉冲的周期,就能计算出高电平脉冲的持续时间。如果再次指定捕捉上跳变,则用上跳沿 3 时刻通道寄存器的值减去上跳沿 1 时刻保存的值,就可以计算出脉冲周期。

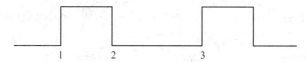

图 11-1 脉宽与周期测量

当然,前面所述的操作必须要保证时刻 1 到时刻 2 和时刻 1 到时刻 3 的两次捕捉期间定时器没有发生溢出才有效。如果有溢出发生,还应加上定时器溢出次数与溢出周期相乘的结果，才能保证测量的准确性。

指定捕捉上跳变还是下跳变，或者两者均捕捉，可以通过配置相关寄存器来完成。

11.2.2　AW60 输入捕捉引脚及寄存器

AW60 有两个定时器，其中定时器 1 有 6 个输入捕捉通道，在 AW60 的 LQFP-64 封装形式中，这 6 个通道对应第 4、5、6、7、15、16 引脚。定时器 2 有 2 个输入捕捉通道，在 AW60 的 LQFP-64 封装形式中，这 2 个通道对应第 8、11 引脚。每个通道都有相应的通道寄存器、通道状态和控制寄存器。其中，通道寄存器保存输入捕捉时，实际保存的是对应的定时器的计数值；而通道状态和控制寄存器用以配置输入捕捉工作模式。

1. TPM 通道数值寄存器

TPM 通道数值寄存器(Timer x Channel n Value Register，TPMxCnVH : TPMxCnVL。x 表示定时器编号，其取值为 1 或 2，n 表示通道编号，当 x 取 1 时，n 取 0～5，当 x 取 2 时，n 取 0～1 的作用是在指定的沿跳变发生(即定时系统捕捉到沿跳变)时，锁存计数寄存器的值。通道寄存器是一个 16 位的寄存器，分为高字节和低字节，在读取的时候如果要分别读取，必须先读高字节，再读低字节。为了防止两次读取之间该寄存器的内容发生变化而产生虚假的输入捕捉计数值，系统会在读取高字节时锁存低字节的内容，这时即使又发生特定的沿跳变，通道数值寄存器的内容也不会改变。对低字节读取后将释放通道数值寄存器，但只读取通道数值寄存器的低字节将不影响通道数值寄存器的值。由于在读取低字节之前通道数值寄存器是"失效"的，而读取低字节的指令以及中断的进入和返回也会花费一定的时间，所以用输入捕捉来测量输入信号时，对输入信号的频率有一个上限的要求，大于这个上限频率的信号不能被正确地测量。

在 CW 开发平台中的 MC9S08AW60.h 文件中，定时器 1 通道 0 的通道数值寄存器有相关的定义如下：

```
/*** TPM1C0V - 定时器 1 通道 0 数值寄存器，地址：0x00000026 ***/
typedef union {
  word Word;
  /* 重叠寄存器: */
  struct {
    /*** TPM1C0VH          -定时器 1 通道 0 高八位数值寄存器，地址：0x00000026 ***/
    union {
      byte Byte;
    } TPM1C0VHSTR;
    #define TPM1C0VH          _TPM1C0V.Overlap_STR.TPM1C0VHSTR.Byte

    /*** TPM1C0VL          -定时器 1 通道 0 低八位数值寄存器，地址：; 0x00000027 ***/
    union {
      byte Byte;
    } TPM1C0VLSTR;
```

```
#define TPM1C0VL          _TPM1C0V.Overlap_STR.TPM1C0VLSTR.Byte

} Overlap_STR;

} TPM1C0VSTR;
extern volatile TPM1C0VSTR _TPM1C0V @0x00000026;
#define TPM1C0V                    _TPM1C0V.Word
```

从以上定义中可以看出，在 CW 开发平台中，可用 TPM1C0V 标识符访问定时器 1 的 0 通道的通道数值寄存器，而不必分别访问高低字节计算出总的通道寄存器数值。同样也可以用类似的方式对其他通道的数值寄存器进行访问。

2. TPM 通道状态和控制寄存器

TPM 通道状态和控制寄存器(Timer x Channel n Status and Control Register，TPMxCnSC) 各位定义如表 11.1 所示。

表 11.1　TPM 通道状态和控制寄存器位定义

数据位	D7	D6	D5	D4	D3	D2	D1	D0
位定义	CHnF	CHnIE	MSnB	MSnA	ELSnB	ELSnA		
复位	0	0	0	0	0	0	0	0

D7——CHnF，为通道 n 标志位(Channel n Flag Bit)。该位用来标志定时器 x 通道 n 发生了输入捕捉。在发生输入捕捉时，该位将被置 1，定时器 x 通道 n 寄存器 TPMxCnV(16 位)记录此时定时器 x 的计数值。读取该寄存器并向这一位写入零可以清除该标志位。CHnF = 0，通道 n 的上没有发生输入捕捉；CHnF = 1，通道 n 上发生了输入捕捉。

D6——ChnIE，为通道中断允许位(Channel n Interrupt Enable Bit)。该位用来设置是否允许发生输入捕捉中断。该位置 1，在发生输入捕捉时会产生中断，在中断服务程序中可以进行相关的处理，通常这个中断程序中应包含清除通道标志位的指令。CHnIE=0，允许通道 n 中断；CHnIE=1，禁止通道 n 中断。

D5~D4——MSnB~MsnA，为通道 n 模式选择位(Mode Select Bit)。每一个定时器都可以工作在输入捕捉、输出比较或 PWM 输出模式(输出比较及 PWM 在下一个项目中将着重介绍，两者都是 AW60 定时器的功能模式)，这两位用来选择这些工作模式。模式选择位和下面的跳变沿/输出电平选择位共同决定通道的工作方式。

D3~D2——ELSnB~ELSnA，为跳变沿/输出电平选择位(Edge/Level Select Bit)。在输入捕捉时可以设定上升沿或下降沿捕捉、输出比较，也可以设定输出高或低电平。这就需要设定跳变沿/输出电平选择位。表 11.2 列出了输入捕捉与输出比较相关位配置组合。

D1——TO0，为溢出翻转控制标志位(Toggle on Overflow Bit)。定时器通道用作输入捕捉时，此位无用。

D0——CHMAX，为通道最大占空比设置位(Channel x Maximum Duty Cycle Bit)。定时器通道用作输入捕捉时，此位无用。

表 11.2　输入捕捉与输出比较相关位配置组合

CPWMS	MSnB 与 MSnA	ELSnB 与 ELSnA	模式	配置
x	xx	00	不作为 TPM 通道的引脚，作为 TPM 的外部时钟或者返回为通用 I/O	
0	00	01	输入捕捉	上升沿捕捉
		10		下降沿捕捉
		11		上升或下降沿捕捉
	01	00	输出比较	软件比较
		10		翻转比较输出
		10		输出低电平
		11		输出高电平
	1x	10	边沿对齐	清除比较输出
		x1	PWM	设置比较输出
1	xx	10	中心对齐	清除向上比较输出
		x1	PWM	设置向上比较输出

注：表中 x 是指取 0 或 1 任意值。

在 CW 开发平台中的 MC9S08AW60.h 文件中，定时器 1 通道 0 的状态和控制寄存器有如下相关定义：

```
/*** TPM1C0SC - TPM 1 Timer Channel 0 Status and Control Register; 0x00000025 ***/
typedef union {
    byte Byte;
    struct {
        byte            :1;
        byte            :1;
        byte ELS0A      :1;              /*跳变沿/输出电平选择位 A*/
        byte ELS0B      :1;              /*跳变沿/输出电平选择位 B*/
        byte MS0A       :1;              /*通道 0 模式选择位 A*/
        byte MS0B       :1;              /*通道 0 模式选择位 B */
        byte CH0IE      :1;              /*通道中断允许位*/
        byte CH0F       :1;              /*通道 0 标志位*/
    } Bits;
    struct {
        byte            :1;
        byte            :1;
        byte grpELS0x :2;
        byte grpMS0x :2;
        byte            :1;
        byte            :1;
    } MergedBits;
```

```
} TPM1C0SCSTR;
extern volatile TPM1C0SCSTR _TPM1C0SC @0x00000025;
#define TPM1C0SC                    _TPM1C0SC.Byte
#define TPM1C0SC_ELS0A              _TPM1C0SC.Bits.ELS0A
#define TPM1C0SC_ELS0B              _TPM1C0SC.Bits.ELS0B
#define TPM1C0SC_MS0A               _TPM1C0SC.Bits.MS0A
#define TPM1C0SC_MS0B               _TPM1C0SC.Bits.MS0B
#define TPM1C0SC_CH0IE              _TPM1C0SC.Bits.CH0IE
#define TPM1C0SC_CH0F               _TPM1C0SC.Bits.CH0F
#define TPM1C0SC_ELS0x              _TPM1C0SC.MergedBits.grpELS0x
#define TPM1C0SC_MS0x               _TPM1C0SC.MergedBits.grpMS0x
```

从以上定义可以看出，在 CW 开发平台中，可用 TPM1C0SC 按字节对定时器 1 的 0 通道状态和控制寄存器进行访问，也可以用 TPM1C0SC_CH0F、TPM1C0SC_CH0IE、TPM1C0SC_ELS0x、TPM1C0SC_MS0x 标识符分别访问定时器 1 的 0 通道状态和控制寄存器中通道捕捉状态标志位、中断允许位、模式选择位、跳变沿/输出电平选择位。

在输入捕捉中，相应的定时器应处于定时工作状态，相关的状态和控制寄存器与预置寄存器配置参见项目 10 中的相关内容。

11.3　项目硬件设计

根据设计要求，本项目硬件主要包括 AW60 最小系统、LED 显示模块、拨动开关模块、蜂鸣器模块。AW60 最小系统与 LED 显示模块与项目 6 中的相关模块相同，在此不再赘述。

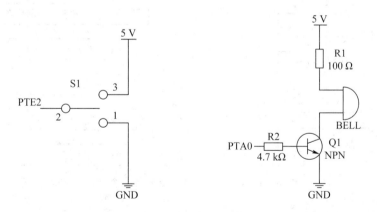

图 11-2　拨动开关电路原理图　　　　　　图 10-3　蜂鸣器电路原理图

拨动开关模块硬件设计如图 11-2 所示。拨动开关 1 端接地，3 端接电源电压，2 端与定时器 1 的 0 通道(即 PTE2 口)相连。开关由 1 拨动到 3 时，2 端电平将由低电平变到高电平，而将开关由 3 拨动到 1 时，产生高电平到低电平的变化，在变化过程中，由于机械弹性，将会产生抖动，这种抖动将会产生多次高低电平跳变。

蜂鸣器电路原理图如图 11-3 所示。其中 NPN 三极管起驱动作用，三极管基极由 AW60

的 PTA0 口控制，当该口输出高电平，三极管导通，蜂鸣器鸣响；输出低电平时，三极管截止，蜂鸣器不工作。

11.4 项目软件设计

11.4.1 软件结构与流程设计

本项目软件由主程序模块、LED 显示模块、延时模块、芯片初始化模块、中断模块、蜂鸣器模块、输入捕捉模块构成。其中芯片初始化模块、LED 显示模块、延时模块与前述项目相同，只需在项目中将这些模块加入到本项目中即可，具体不再赘述。

输入捕捉模块只包括一个初始化函数，主要进行定时器 1 的状态和控制寄存器与预置寄存器的初始化工作，以及该定时器 0 通道状态和控制寄存器的初始化工作。

蜂鸣器模块包括三个函数，分别是蜂鸣器初始化函数、蜂鸣器打开函数、蜂鸣器关闭函数。蜂鸣器初始化函数主要用于设置相应端口的方向寄存器和数据寄存器的初始化操作。而蜂鸣器打开和关闭函数用于在数据寄存器中分别进行置 1 和清 0 操作。

主程序在完成 MCU、输入捕捉、LED 显示初始化、打开总中断后，循环显示捕捉秒次数，其具体流程图如图 11-4 所示。

中断模块中的中断处理函数主要进行捕捉次数加 1 操作，输入捕捉中断处理程序的流程图如图 11-5 所示。主程序和输入捕捉中断处理程序也是通过全局变量进行通信的。

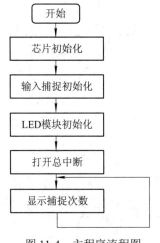

图 11-4　主程序流程图

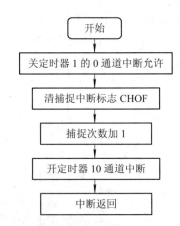

图 11-5　输入捕捉中断处理程序流程图

11.4.2 代码设计

1. 输入捕捉模块

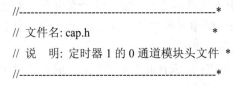

```
//------------------------------------------------*
// 文件名: cap.h                                    *
// 说　明: 定时器 1 的 0 通道模块头文件 *
//------------------------------------------------*
```

```
#ifndef   CAP_H
#define   CAP_H
    //1  头文件
    #include "MC9S08AW60.h"        //映像寄存器地址头文件


//2  宏定义
//3  函数声明
    void cap_init(void);
#endif
```

```
//--------------------------------------------------------------*
// 文件名:  cap.c                                   *
// 说    明: 定时器 1 的 0 通道源程序文件            *
//--------------------------------------------------------------*
//1  头文件
#include "cap.h"
//---------------------------------------------------*
//函数名: cap_init                      *
//功    能: 定时器 1 的 0 通道初始化        *
//参    数: 无        返回值: 无           *
//---------------------------------------------------*
void cap_init(void)
{
/////////配置定时器 1 的 0 通道状态与控制寄存器/////////
    TPM1C0SC_CH0IE=1;         //定时器 1 的 0 通道中断允许
    TPM1C0SC_CH0F=0;          //清定时器 1 的 0 通道中断标志
    TPM1C0SC_ELS0x=1;         //下跳变均捕捉
    TPM1C0SC_MS0x= 0;         //指定输入捕捉功能
    /////////配置定时器 1 预置寄存器/////////
    TPM1MOD=0xf000;           //溢出值指定
    /////////配置定时器 1 状态与控制寄存器/////////
    TPM1SC_TOF=0;             //清中断标志
    TPM1SC_TOIE=0;            //禁止溢出中断
    TPM1SC_CPWMS=0;           //配置通道工作模式
    TPM1SC_CLKSx=0B10;        //选择固定时钟
    TPM1SC_PS =0B100;         //配置分频因子

}
```

2. 蜂鸣器模块

```
//------------------------------------------------------------------------*
// 文件名: beep.h                                              *
// 说　明: beep 头文件                                          *
//------------------------------------------------------------------------*

#ifndef    BEEP_H
#define    BEEP_H

    //1 头文件
    #include "MC9S08AW60.h"        //映像寄存器地址头文件

    //2 宏定义

    //3 函数声明
    void beep_init(void);          //蜂鸣器接口初始化
    void beep_off(void);           //蜂鸣器关闭
    void beep_on(void);            //蜂鸣器打开

#endif


//------------------------------------------------------------------------*
// 文件名: beep.c                                              *
// 说　明: 蜂鸣器模块源程序文件                                 *
//------------------------------------------------------------------------*

//1 头文件
#include "beep.h"

    void beep_init(void)
    {
        PTADD_PTADD0=1;           //接口初始化
    }//
    void beep_off(void)
    {
        PTAD_PTAD0=0;
    }//
    void beep_on(void)
    {
```

```
        PTAD_PTAD0=1;
    }//
```

3. 主程序模块

```c
#include <hidef.h> /* 包含中断允许宏 */
#include "derivative.h" /* 包含外围部件声明 */
#include "MCUInit.h"
#include "beep.h"
#include "cap.h"
#include "show_num.h"
#include "MC9S08AW60.h"
#include "general_fun.h"

unsigned int cap_times=0;            //全局变量声明

void main(void)
{
    DisableInterrupt();              /* 关闭总中断 */
    /* 代码 */
    MCUInit();                       //MCU 初始化
    led_port_init();                 //LED 接口初始化
    cap_init();                      //输入捕捉初始化
    beep_init();                     //蜂鸣器初始化
    EnableInterrupt();               //打开总中断

    for(;;)
    {
        if((cap_times%2)==1)
        {
            show_num(cap_times,1);
            beep_on();
        }
        else//偶数次捕获
        {
            show_num(cap_times,1);
            beep_off();
        }

    } /* 永久循环不退出 */
}
```

4. 中断模块

```
//---------------------------------------------*
// 文件名: isr.h                              *
// 说　 明: 中断模块头文件                     *
//---------------------------------------------*
#ifndef ISR_H
#define ISR_H

    #include "MC9S08AW60.h"
    // 在此添加全局变量声明
  extern unsigned int cap_times;


    #endif
//---------------------------------------------------------------*
// 文件名: isr.c                                              *
// 说　 明: 中断处理函数源程序文件                               *
//---------------------------------------------------------------*

    #include "isr.h"


    //-------------------------------------------------------*
    //函数名: isr_cap10                                  *
    //功　 能: 输入捕捉中断处理函数                        *
    //中断函数不可有参数和返回值                           *
    //-------------------------------------------------------*
    interrupt void isr_cap10(void)
    {
        TPM1C0SC_CH0IE=0;
        cap_times++;
        TPM1C0SC_CH0F =0;
        TPM1C0SC_CH0IE=1;
    }//-----------------------------------------*
    //函数名: isrDummy                           *
    //功　 能: 未定义的中断处理函数               *
    //中断函数不可有参数和返回值                 *
    //本函数不能删除                             *
    //-----------------------------------------*
    interrupt void isrDummy(void)
    {
```

```
    }

//中断处理子程序类型定义
typedef void( *ISR_func_t)(void);

//中断矢量表，如果需要定义其他中断函数，请修改下表中的相应项目
const ISR_func_t ISR_vectors[] @0xFFCC =
{
    isrDummy,           //时基中断
    isrDummy,           //IIC 中断
    isrDummy,           //ADC 转换中断
    isrDummy,           //键盘中断
    isrDummy,           //SCI2 发送中断
    isrDummy,           //SCI2 接收中断
    isrDummy,           //SCI2 错误中断
    isrDummy,           //SCI1 发送中断
    isrDummy,           //SCI1 接收中断
    isrDummy,           //SCI1 错误中断
    isrDummy,           //SPI 中断
    isrDummy,           //TPM2 溢出中断
    isrDummy,           //TPM2 通道 1 输入捕捉/输出比较中断
    isrDummy,           //TPM2 通道 0 输入捕捉/输出比较中断
    isr_timer1,         //TPM1 溢出中断
    isrDummy,           //TPM1 通道 5 输入捕捉/输出比较中断
    isrDummy,           //TPM1 通道 4 输入捕捉/输出比较中断
    isrDummy,           //TPM1 通道 3 输入捕捉/输出比较中断
    isrDummy,           //TPM1 通道 2 输入捕捉/输出比较中断
    isrDummy,           //TPM1 通道 1 输入捕捉/输出比较中断
    isrDummy,           //TPM1 通道 0 输入捕捉/输出比较中断
    isrDummy,           //ICG 的 PLL 锁相状态变化中断
    isrDummy,           //低电压检测中断
    isrDummy,           //IRQ 引脚中断
    isrDummy,           //SWI 指令中断
        //RESET 是特殊中断,其向量由开发环境直接设置(在本软件系统的 Start08.o 文件中)
    };
```

程序下载运行后，拨动一次开关，数码管上显示的数字并不是 1，总是大于 1，说明开关在动作时确实存在抖动现象。再次拨动，数码管上显示的数字在增加，增加幅度与第一次显示值并不相同，说明每次开关动作，抖动情况并不一样。数码管显示数字为奇数时，

蜂鸣器鸣响，而为偶数时，蜂鸣器不鸣响。

设 计 小 结

1. 输入捕捉常用于信号周期、频率、脉冲宽度测量以及确定事件发生时间。

2. 使用输入捕捉，相应的定时器必须处于计数工作状态。

3. 根据捕捉原理，在进行脉冲宽度测量时，被测量脉冲宽度相比于定时器脉冲源周期越大越好，这样测量精度才会越高，否则测量误差过大，甚至无法测出。

习 　 题

1. 什么是输入捕捉？

2. 如何指定输入捕捉边沿？

3. 以本项目为基础，将信号发生器产生的脉冲信号从 PTA0 口线输入，实现频率测量。

4. 输入捕捉能否测量正弦波信号频率，如果不能，可以采取的办法是什么？

项目 12   LED 呼吸灯

12.1   项目内容与要求

(1) 利用 AW60 定时器 0 通道的输出比较功能设计一个呼吸灯。

(2) 掌握 TPM 通道数值寄存器在输出比较中的作用。

(3) 能够根据输出比较要求正确配置 TPM 通道状态和控制寄存器。

(4) 理解两种 PWM 模式。

(5) 掌握呼吸灯程序设计方法。

12.2   项目背景知识

12.2.1   呼吸灯及其设计原理

LED 呼吸灯就是让 LED 灯的亮度逐渐增强，然后又逐渐减弱，利用 LED 的余辉和人眼的暂留效应，看上去和人的呼吸一样。本设计采用 AW60 定时器通道的输出比较功能产生脉宽调制波，即以 PWM 脉冲来驱动 LED，通过有规律的改变 PWM 的占空比来实现 LED 亮度的变化。

12.2.2   PWM

PWM 英文全称为 Pulse Width Modulation，即脉宽调制，即对矩形脉冲波的脉冲宽度(即高电平持续时间)进行调制，PWM 波形最重要的参数是周期(或频率)和占空比。图 12-1 所示为一个 PWM 脉冲波，脉冲周期为 T，一个周期内的高电平持续时间为 T_1，通常定义占空比为信号处于高电平的时间(或时钟周期数)占整个信号周期的百分比，即 $(T_1/T) \times 100\%$。显然方波的占空比是 50%。

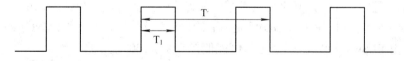

图 12-1   PWM 脉冲波

PWM 脉冲波可以用作时钟信号，也可以控制施加在负载上的平均电流或电压，可以通过改变占空比来调节灯光亮度、直流电机转速等，还可以用于编码。不同宽度的脉冲，代表不同含义。假如在无线遥控车的控制中，可以以宽度 1 ms 代表左转命令，4 ms 代表右转命令，8 ms 代表前进命令。接收端可以使用定时器来测量脉冲宽度，在脉冲开始时启动定时器，脉冲结束时停止定时器，由此来确定所经过的时间，从而判断收到的命令。

本项目呼吸灯就是通过控制施加在 LED 上的 PWM 脉冲波的占空比来改变灯的亮度，实现灯"呼吸"效果。

12.2.3　AW60 输出比较

输出比较使用的寄存器与输入捕捉使用的寄存器是一致的，即定时器状态与控制寄存器、通道状态与控制寄存器和通道数值寄存器。

1. TPM 通道数值寄存器

TPM 通道数值寄存器(Timer x Channel n Value Register , TPMxCnVH : TPMxCnVL)在该通道用作输出比较时的作用是：存放要与计数寄存器进行比较的数值。这个数据是由用户程序设置的，而不像输入捕捉那样是由模块自行写入的。

由于通道数值寄存器是一个 16 位的寄存器，分为高字节和低字节，在写入时，如果要分两次写入，必须要注意，在写入通道数值寄存器的高位字节后，为了防止此时的计数恰好等于计数寄存器的值而产生不希望的输出比较动作，输出比较模块此时是被禁止的。只有在继续写入通道数值寄存器的低位字节后，输出比较模块才开始和计数寄存器进行比较。所以，完整的设置输出比较功能应该包括对寄存器两个字节的写入。通道数值寄存器和标志位在复位时被清零，在初始化输出比较功能时应该小心谨慎，一般采用以下的步骤：

(1) 写入通道数值寄存器的高位字节，禁止输出比较功能；

(2) 取状态寄存器，清除 CHnF 位；

(3) 写入通道数值寄存器低位字节，使输出比较功能工作。

根据 CW 平台的 MC9S08AW60.h 文件，可以用 TPMxCnV 来访问通道数值寄存器，这样就可以将数据一次写入。

2. TPM 通道状态和控制寄存器

TPM 通道状态和控制寄存器(Timer x Channel n Status and Control Register，TPMxCnSC)在输出比较时，D7～D2 位与用作输入捕捉时的含义相同，相关配置可参照表 10.1 所示内容。

AW60 定时器提供了两种 PWM 模式，即边沿对齐 PWM 和中心对齐 PWM。

1) 边沿对齐 PWM

边沿对齐 PWM(Edge-Aligned PWM Mode) 模式使用计时器的递增计数模式(CPWMS=0)，且同一 TPM 中的其他通道可配置为输入捕获或输出比较功能。该 PWM 信号的周期由预置寄存器(TPMxMOD)确定，占空比由通道数值寄存器(TPMxCnV)确定，PWM信号的极性由 ELSnA 确定，占空比的可能值在 0%与 100%之间。

如图 12-2 所示，TPM 预置寄存器决定了脉冲周期，通道数值寄存器中的值确定了PWM 信号的脉冲宽度(占空比)。边沿对齐 PWM 的极性由 ELSnA 确定：如果 ELSnA=0，计数器溢出强制 PWM 信号为高电平，输出比较强制 PWM 信号为低电平；如果 ELSnA=1，计数器溢出强制 PWM 信号为低电平，输出比较强制 PWM 信号为高电平。当通道数值寄存器设置为 0x0000 时，占空系数为 0%。通过将定时器通道数值寄存器(TPMxCnVH 和

TPMxCnVL)设置为一个大于所设模值的数值，可使占空系数达到 100%。也就是说，为了获得 100%的占空比，设置的通道数值寄存器的值必须小于 0xFFFF。因为 S08 系列 MCU是 8 位微控制器，定时器通道寄存器的设置要被缓存起来，以确保连续 16 位数据更新，并避免出现意外的 PWM 脉冲宽度。写 TPMxCnVH 或 TPMxCnVL 中的任意一个寄存器，也就是写缓冲寄存器。在边沿对齐模式下，只有在一个 16 位寄存器的两个 8 位字节都被写入后，且 TPMxCnV 的值为 0x0000，计数值才被转移至相应的定时器通道寄存器(直到下一个整周期新的占空比才有效)。

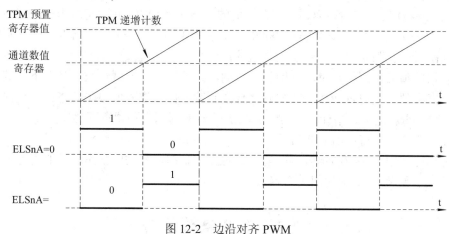

图 12-2　边沿对齐 PWM

2) 中心对齐 PWM

中心对齐 PWM(Center_Aligned PWM Mode)模式使用计数器向上递增/向下递减模式(CPWMS=1)，如图 12-3 所示。

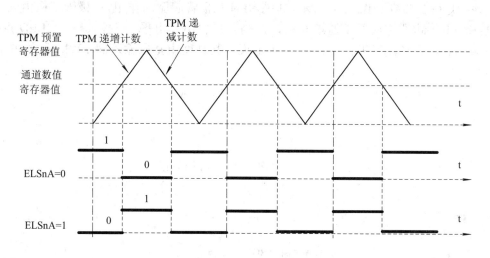

图 12-3　中心对齐 PWM

此时，同一定时器的所有通道均为中心对齐 PWM 模式。PWM 信号周期由预置寄存器(TPMxMOD)的值的 2 倍确定，并且应保持在 0x0001～0x7FFF 之间，因为超出范围的值可能产生不确定结果。占空比由通道数值寄存器决定，当 TPMxCnV=0x0000 时，占空比为0%；当 TPMxCnV 大于 TPMxMOD(非零)时，占空比为 100%。在中心对齐 PWM 模式下，不能设置 TPMxMOD=0x0000，因为计数器需要一个预置寄存器的值的有效匹配，以便将方向从向上递增计数变为向下递减计数。

中心对齐 PWM 输出极性由 ELSnA 决定。如图 12-3 所示，ELSnA=0 时，计数器从 0x0000 开始递增计数，当通道数值寄存器值与定时器计数器值匹配时，会强制 PWM 输出信号进入低电平状态；继续向上递增计数，计数器到达预置寄存器的值后，周期结束，开始新的周期，计数器向下递减计数。当向下递减计数到通道数值寄存器值与定时器计数器值匹配时，会强制输出信号进入高电平状态；继续向下递减直到 0x0000，重新向上递增计数。因此，PWM 信号的周期为预置寄存器值的 2 倍，而 PWM 脉冲宽度为通道数值寄存器的 2 倍。ELSnA=1 时，计数器从 0x0000 开始递增计数，当通道数值寄存器值与定时器计数器值匹配时，会强制 PWM 输出信号进入高电平状态；继续向上递增计数，计数器到达预置寄存器的值后，周期结束，开始新的周期，计数器向下递减计数。当向下递减计数到通道数值寄存器与定时器计数器匹配时，会强制输出信号进入低电平状态；继续向下递减直到 0x0000，重新向上递增计数。因此，PWM 信号的周期为预置寄存器值的 2 倍，而 PWM 脉冲宽度为通道数值寄存器的 2 倍。

在输出比较中，相应的定时器应处于定时工作状态，相关的状态和控制寄存器与预置寄存器配置参见项目 10 中的相关内容。

12.3 项目硬件设计

根据设计要求，本项目硬件主要包括 AW60 最小系统和呼吸灯模块。AW60 最小系统不再赘述。

呼吸灯硬件设计如图 12-4 所示。其中 NPN 三极管起驱动作用，三极管基极由 AW60 的 PTE2 口控制(即定时器 1 通道 0 接口)，当该口输出高电平，三极管导通，LED 点亮，该口输出低电平时，三极管截止，LED 熄灭。其亮度由基极输入的 PWM 波的占空比调节。

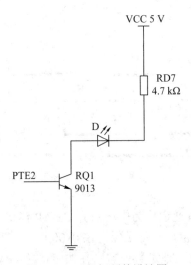

图 12-4 呼吸灯硬件设计图

12.4　项目软件设计

12.4.1　软件结构与流程设计

本项目软件由主程序模块、芯片初始化模块、延时模块、PWM 模块构成。其中芯片初始化模块、延时模块与前述部分项目相同，只需将这些模块加入到本项目中即可，具体不再赘述。

PWM 模块包括 PWM 初始化函数、定时器 1 启动函数和 PWM 占空比设置函数。PWM初始化函数主要进行定时器 1 的状态和控制寄存器、预置寄存器、定时器 1 的 0 通道状态与控制寄存器的初始化工作。定时器 1 启动函数设置定时器 1 的计数时钟源。PWM 占空比设置函数设置定时器 1 的 0 通道数值寄存器。

主程序在完成 MCU、PWM 初始化后启动定时器 1 计数，再循环增加定时器 1 的 0 通道数值寄存器中的数值，然后循环减少定时器 1 的 0 通道数值寄存器中的数值，其主程序流程图如图 12-5 所示。

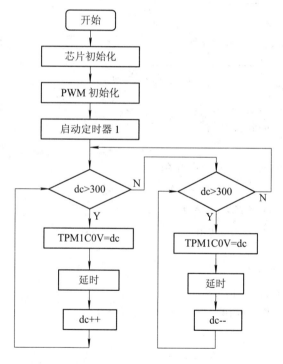

图 12-5　主程序流程图

12.4.2　代码设计

1. pwm 模块

```
//-------------------------------------------------*
```

```
// 文件名: pwm.h                    *
// 说    明: pwm 模块头文件            *
//----------------------------------------------------*
#ifndef   PWM_H
#define   PWM_H
    //1 头文件
    #include "MC9S08AW60.h"      //映像寄存器地址头文件
    //2 宏定义

    //3 函数声明
    void pwm10_init(void);          //芯片初始化
    void start_pwm10(void);
    void set_pwm10_dc(unsigned int dc);
#endif


//-----------------------------------------------------------*
// 文件名:  pwm.c                      *
// 说    明:  pwm 模块源程序文件            *
//-----------------------------------------------------------*
//1 头文件
#include "pwm.h"
void pwm10_init(void)
{
  TPM1SC_TOIE=0;//定时器 1 中断关闭
  TPM1SC_CLKSx=0;//定时器不工作
  TPM1SC_PS=0b110;//设定分频因子
  TPM1MOD=300;//设定溢出值

  TPM1C0SC_CH0IE=0;
  TPM1C0SC_ELS0x=0b10;
  TPM1C0SC_MS0x=0b10;

}

void start_pwm10(void)
{
    TPM1SC_CLKSx=0b10;
}
```

```
void set_pwm10_dc(unsigned int dc)
{
    TPM1C0V=dc;
}
```

2. 主程序模块

```
#include <hidef.h> /* 包含中断允许宏 */
#include "derivative.h" /* 包含外围部件声明 */
#include "pwm.h"
#include "MCUinit.h"
#include "general.h"
void main(void)
{
  unsigned int dc=0;
  DisableInterrupt(); /* 禁止中断*/
  MCUInit();
  pwm10_init();
  start_pwm10();
  for(;;)
  {
        for(dc=1;dc<300;dc++)
        {
            set_pwm10_dc(dc);
            delay(50);
        }
        for(dc=300;dc>1;dc--)
        {
            set_pwm10_dc(dc);
            delay(50);
        }
  } /* 永久循环不退出 */
}
```

设 计 小 结

1. PWM 的占空比是由定时器的计数周期和通道数据寄存器来决定的。
2. 中心对齐模式是使用定时器先递增后递减计数来实现的。
3. PWM 功能实现需要定时器处于计数状态。

习　　题

1. AW60 输出比较与 PWM 功能有何异同点？
2. 以本项目为基础，查找相关资料，设计小型直流电机调速系统。

项目 13　AW60 工作温度监测

13.1　项目内容与要求

(1) 利用 AW60 自带的 A/D 转换模块设计芯片工作温度监测。

(2) 熟悉 AW60A/D 转换模块相关寄存器使用

(3) 了解回归的意义

13.2　项目背景知识

13.2.1　A/D 转换相关概念

MCU 能直接处理数字量，但不能处理模拟量。模拟量只有转换成数字信号，MCU 才能对其处理。完成模拟量和数字量转换的模块一般称为模/数转换模块(Analog To Digital Convert Module)，即 A/D 转换模块。模拟信号可能由温度、湿度、压力等实际物理量经过传感器和相应的变换电路转化而来。为了提高信噪比，有时需要对变换电路输出的信号进行放大及降噪处理。

A/D 转换中，有两个重要的参数，即采样精度和采样速率。采样精度就是指数字量变化一个最小量时所对应的模拟信号的变化量，一般用采样位数来表示。若采样位数为 N，则最小的能检测到的模拟量变化值为 $1/2^N$。以 AW60 为例，其 A/D 转换模块的采样精度最高为 10 位，若参考电压为 5 V，则检测到的模拟量变化为 $5/2^{10} = 4.88\text{mV}$。通常，A/D 转换的采样位数为 8 位，某些增强型的 A/D 转换模块采样精度可达到 10 位，而专用的 A/D 采样芯片则可达到 12 位、14 位、甚至 16 位。

而采样速率是指完成一次 A/D 采样所要花费的时间。AW60 的 A/D 转换模块完成一次 A/D 转换花费的时间大约为 15～20 个指令周期，因此 AW60 的 A/D 转换模块的采样速率是由总线时钟频率来决定的。

在 A/D 转换中为了使得到的数据更准确，必须对采样的数据进行降噪处理。在数字信号处理中，通常采用易于实现的滤波方法为中值滤波和均值滤波。其中中值滤波是将 M 次连续采样值按大小进行排序，取中间值作为滤波输出。而均值滤波，是把 N 次采样结果值相加，然后再除以采样次数 N，得到的平均值就是滤波结果。

将数字量映射为物理量的过程称为物理量回归，也就是找到数字量与实际物理量之间的函数关系 $y=f(x)$。例如，利用 MCU 采集室内温度，A/D 转换后的数值是 126，实际它代表多少温度呢？如果当前室内温度是 25.1℃，则 A/D 值 126 就代表实际温度 25.1℃。由于传感器的非线性特性，因此传感器输出的模拟电压与实际物理量的关系也是非线性的，这样经过 A/D 转换后获得的数字量和实际物理量之间的关系也是非线性的。常用的回归的方法有查表法、插值法等。

查表法是建立一个二维表，一行存放数字量，另外一行存放数字量对应的物理量。在回归的时候，根据 A/D 转换后的数字量查表，一般是根据表中与之最接近的数字量找出其对应的物理量。显然查表法实现最简单，但是误差与表的精细度有关。表越精细，精度越高，但是会占用较多内存。

为提高回归精度，以查表法为基础，采用分段线性插值方法进行回归。分段线性插值就是用折线段来逼近真实回归函数 $y = f(x)$。如图 13-1 所示 已知数字量 x_0, x_1, …, $x_n(x_0 < x_1 < \cdots < x_n)$，其对应的物理量为 y_0, y_1, …, y_n，求折线函数 $f_k(x)$ 使其满足：$f_k(x_{k-1}) = y_{k-1}$ 且 $f_k(x_k) = y_k$，$k = 1$，…，n。

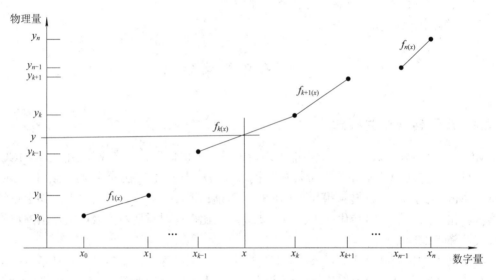

图 13-1　分段线性插值

折线 $f_k(x)$ 的表达式如下：

$$y = f_k(x) = \frac{(y_k - y_{k-1})}{(x_k - x_{k-1})}(x - x_{k-1}) + y_{k-1} \tag{13.1}$$

当获得数字 x，首先通过查表确定其邻近的数字量 x_p、x_q（对应式(13.1)的 x_{k-1} 与 x_k），以及这两个邻近的数字量对应的物理量 y_p、y_q（对应式 13.1 的 与 y_k），代入到式(13.1)就可以获得要求物理量的近似值。

13.2.2　AW60 的 A/D 转换模块

1. AW60 的 A/D 转换结构与特性

AW60 芯片内部集成了一个 8 位/10 位精度的逐次逼近式的 A/D 转换模块，最多可支持 28 路独立的模拟输入(AD0～AD27)，但在 64 引脚封装中，只引出 16 个通道供用户使用(AD0～AD15)，这些通道与 I/O 引脚复用，另外，AD26 通道连接了一个内置的温度传感器。

AW60 ADC(A/D 转换模块)的主要特性总结如下：

(1) 具有 10 位分辨率的线性逐次逼近算法。

(2) 高达 28 个模拟输入口。

(3) 10 位或 8 位右对齐输出格式。

(4) 单次转换或连续转换(单次转换后自动返回空闲状态)。

(5) 采样时间和转换速度/功率可配置。

(6) 最多可选择 4 个输入时钟源。

(7) 在等待或 stop3 模式下实现了低噪音运行。

(8) 异步时钟源实现了低噪音运行。

(9) 可选的异步硬件转换触发。

(10) 提供可编程比较中断。

(11) 内置温度传感器与 AD26 通道相连。

2. AW60 的 A/D 模块编程寄存器

AW60 的 A/D 转换模块有 8 个寄存器，它们是：2 个状态和控制寄存器(ADC1SC1、ADC1SC2)、1 个数据结果寄存器(ADC1RH、ADC1RL)、1 个比值寄存器(ADCCVH、ADCCVL)、1 个配置寄存器(ADC1CFG)、3 个引脚控制寄存器(APCTL1、APCTL2、APCTL3)。通过对这些寄存器的编程，就可以获取 A/D 转换数据。

1) ADC 状态和控制寄存器 1

ADC 状态和控制寄存器 1(ADC Status and Control Register1，ADC1SC1)的地址为 0x0010，定义如表 13.1 所示。

表 13.1　ADC1SC1 位定义和复位值

位	D7	D6	D5	D4	D3	D2	D1	D0
读	COCO	AIEN	ADCO	ADCH				
写								
复位	0	0	0	1	1	1	1	1

D7——COCO 为转换完成标志位。当比较功能关闭(ACFE=0)时，每次转换完成时置位；当比较功能允许(ACFE=1)时，转换完成后，只要比较结果为真，则 COCO 置位。只要写 ADC1SC1 或读 ADC1RL，则该位清零。COCO=0，转换未完成；COCO=1，转换完成。

D6——AIEN 为中断使能位。AIEN=0，无动作。AIEN=1，启动扫描。该位为只写位，在写之前，ADC 必须有稳定的电源配置。当 AIEN 为高，COCO 置位时，确认一个中断。

D5——ADCO 为连续转换使能位。ADCO=0，在一个触发操作之后产生一个转换；ADCO=1，在一个触发操作被选择后初始化连续转换。

D4～D0——ADCH 为输入通道选择位。用于选择输入通道中的一个。输入通道选择如表 13.2 所示。

表 13.2 AW60(64 引脚)ADC 通道分配表

ADCH	通道	输入	引脚控制	ADCH	通道	输入	引脚控制
00000	AD0	PTB0/ADC1P0	ADPC0	10000	AD16	VREFL	N/A
00001	AD1	PTB1/ADC1P1	ADPC1	10001	AD17	VREFL	N/A
00010	AD2	PTB2/ADC1P2	ADPC2	10010	AD18	VREFL	N/A
00011	AD3	PTB3/ADC1P3	ADPC4	10011	AD19	VREFL	N/A
00100	AD4	PTB4/ADC1P4	ADPC3	10100	AD20	VREFL	N/A
00101	AD5	PTB5/ADC1P5	ADPC5	10101	AD21	VREFL	N/A
00110	AD6	PTB6/ADC1P6	ADPC6	10110	AD22	预留	N/A
00111	AD7	PTB7/ADC1P7	ADPC7	10111	AD23	预留	N/A
01000	AD8	PTD0/ADC1P8	ADPC8	11000	AD24	预留	N/A
01001	AD9	PTD1/ADC1P9	ADPC9	11001	AD25	预留	N/A
01010	AD10	PTD2/ADC1P10/K BI1P5	ADPC10	11010	AD26	温度传感器	N/A
01011	AD11	PTD3/ADC1P11/K BI1P6	ADPC11	11011	AD27	内部隙带	N/A
01100	AD12	PTD4/ADC1P12/T PM2CLK	ADPC12	11100	-	预留	N/A
01101	AD13	PTD5/ADC1P13	ADPC13	11101	VREFH	VREFH	N/A
01110	AD14	PTD6/ADC1P14/T MP1CLK	ADPC14	11110	VREFL	VREFL	N/A
01111	AD15	PTD7/ADC1P15/K BI1P7	ADPC15	11111	模块禁止	无	N/A

当复位或 ADCH 位全高时，ADC 模块被关闭。当一个转换完成而另一个转换还未开始时，该模块是空闲的。空闲时，模块处于最小功耗状态。

在 CW 开发平台中的 MC9S08AW60.h 文件中，关于 ADC 状态和控制寄存器 1 有如下相关定义：

```
/*** ADC1SC1 - Status and Control Register; 0x00000010 ***/
typedef union {
  byte Byte;
  struct {
    byte ADCH0    :1;        /*输入通道选择第0位*/
    byte ADCH1    :1;        /*输入通道选择第1位*/
    byte ADCH2    :1;        /*输入通道选择第2位*/
    byte ADCH3    :1;        /*输入通道选择第3位*/
    byte ADCH4    :1;        /*输入通道选择第4位*/
    byte ADCO     :1;        /*连续转换使能位*/
    byte AIEN     :1;        /*中断使能位*/
    byte COCO     :1;        /*转换完成标志位*/
  } Bits;
```

```
    struct {
        byte grpADCH :5;
        byte            :1;
        byte            :1;
        byte            :1;
    } MergedBits;
} ADC1SC1STR;
extern volatile ADC1SC1STR _ADC1SC1 @0x00000010;
#define ADC1SC1                        _ADC1SC1.Byte
#define ADC1SC1_ADCH0                  _ADC1SC1.Bits.ADCH0
#define ADC1SC1_ADCH1                  _ADC1SC1.Bits.ADCH1
#define ADC1SC1_ADCH2                  _ADC1SC1.Bits.ADCH2
#define ADC1SC1_ADCH3                  _ADC1SC1.Bits.ADCH3
#define ADC1SC1_ADCH4                  _ADC1SC1.Bits.ADCH4
#define ADC1SC1_ADCO                   _ADC1SC1.Bits.ADCO
#define ADC1SC1_AIEN                   _ADC1SC1.Bits.AIEN
#define ADC1SC1_COCO                   _ADC1SC1.Bits.COCO
#define ADC1SC1_ADCH                   _ADC1SC1.MergedBits.grpADCH
```

因此在 CW 开发平台中，ADC 状态和控制寄存器 1 可用 ADC1SC1 按字节访问，也可以用 ADC1SC1_ADCO、ADC1SC1_AIEN、 ADC1SC1_COCO 、ADC1SC1_ADCH 按位域来访问相应的控制位。

2) ADC 状态和控制寄存器 2

ADC 状态和控制寄存器 2(ADC Status and Control Register2，ADC1SC2)的地址为 0x0011，定义如表 13.3 所示。

表 13.3　ADC1SC2 位定义和复位值

位	D7	D6	D5	D4	D3	D2	D1	D0
读	ADACT	ADTRG	ACFE	ACFGT	0	0	R	R
写								
复位	0	0	0	0	0	0	0	0

D7——ADACT 为转换状态位。表示转换正在进行中。当初始化转换时，ADACT 置位；当转换完成或终止时，ADACT 清零。ADACT=0，表示转换不在进行；ADACT=1，表示转换处理中。

D6——ADTRG 为转换触发选择位。用于选择初始化转换触发的类型。有两种触发类型可选：软件触发和硬件触发。当选择软件触发时，写入 ADC1SC1 就能发起转换。当选择硬件触发时，ADHWT(ADC hardware trigger)触发后就能发起转换。ADTRG=0，选择软件触发；ADTRG=1，选择硬件触发。

(1) 硬件触发(ADTRG=1)。ADC 硬件触发来自实时中断(RTI)计数器的输出，RTI 计数器溢出触发 A/D 转换。

(2) 软件触发(ADTRG=0)。这种模式下，写 ADC1SC1(ADCH 位不全为 1)启动转换。

D5——ACFE 为比较功能使能位。ACFE=0，关闭比较功能；ACFE=1，使能比较功能。

D4——ACFGT 为比较功能大于使能位。默认的比较功能为在当前的转换结果小于比较值时触发。ACFGT=0，当输入小于比较电平时，比较触发；ACFGT=1，当输入大于或等于比较电平时，比较触发。

在 CW 开发平台中的 MC9S08AW60.h 文件中，关于 ADC 状态和控制寄存器 2 有如下相关定义：

```
/*** ADC1SC2 - Status and Control Register 2; 0x00000011 ***/
typedef union {
  byte Byte;
  struct {
    byte              :1;
    byte              :1;
    byte              :1;
    byte              :1;
    byte ACFGT        :1;        /*大于比较使能位*/
    byte ACFE         :1;        /*比较功能使能位*/
    byte ADTRG        :1;        /*转换触发选择位*/
    byte ADACT        :1;        /*转换状态位*/
  } Bits;
} ADC1SC2STR;
extern volatile ADC1SC2STR _ADC1SC2 @0x00000011;
#define ADC1SC2                              _ADC1SC2.Byte
#define ADC1SC2_ACFGT                        _ADC1SC2.Bits.ACFGT
#define ADC1SC2_ACFE                         _ADC1SC2.Bits.ACFE
#define ADC1SC2_ADTRG                        _ADC1SC2.Bits.ADTRG
#define ADC1SC2_ADACT                        _ADC1SC2.Bits.ADACT
```

因此在 CW 开发平台中，ADC 状态和控制寄存器 2 可用 ADC1SC2 按字节访问，也可以用 ADC1SC2_ACFGT、ADC1SC2_ACFE、ADC1SC2_ADTRG、ADC1SC2_ADACT 按位域来访问相应的控制位。

3) 数据结果寄存器

数据结果寄存器(Data Result Register，由 ADC1RH 和 ADC1RL 组成)在 10 位模式中，ADC1RH 包含 10 位转换结果中的高 2 位。在配置 8 位模式时，ADR8 和 ADR9 等于 0。每次完成转换时 ADCRH 都被更新，除非使能了自动比较功能但不满足比较条件。在 10 位模式中，读取 ADC1RH 能够防止在读取 ADC1RL 之前 ADC 将后续转换结果传输到结果寄存器。如果 ADC1RL 是在下一次转换完成后才被读取，那么中间转换结果会被丢失。在 8 位模式中，没有与 ADC1RL 的互锁。当 MODE 位被更改时，ADC1RH 中的任何数据都将无效。

当转换完成，结果放在数据结果寄存器中(ADC1RH 和 ADC1RL)。在 10 位模式中，结果四舍五入成 10 位放在 ADCRH 和 ADCRL 中。在 8 位模式中，结果四舍五入成 8 位放在 ADCRL 中。转换完成标志置 1，同时使能转换完成中断位(AIEN=1)，则产生一个中断。ADC1RH 的地址为 0x0012，定义如表 13.4 所示。

表 13.4　ADC1RH 位定义和复位值

位	D7	D6	D5	D4	D3	D2	D1	D0
读	0	0	0	0	0	0	ADCR9	ADCR8
写								
复位	0	0	0	0	0	0	0	0

ADC1RL 包含 10 位转换结果的低 8 位，或者是一个 8 位转换的所有位。ADC1RL 的地址为 0x0013，定义如表 13.5 所示。

表 13.5　ADC1RL 位定义和复位值

位	D7	D6	D5	D4	D3	D2	D1	D0
读	ADCR7	ADCR6	ADCR5	ADCR4	ADCR3	ADCR2	ADCR1	ADCR0
写								
复位	0	0	0	0	0	0	0	0

在 CW 开发平台中的 MC9S08AW60.h 文件中，关于数据结果寄存器有如下相关定义：

```
/*** ADC1CV - Compare Value Register; 0x00000014 ***/
typedef union {
  word Word;
   /* Overlapped registers: */
  struct {
    /*** ADC1CVH - Compare Value Register High; 0x00000014 ***/
    union {
      byte Byte;
      struct {
        byte ADCV8          :1;        /* 数据结果位 8 */
        byte ADCV9          :1;        /* 数据结果位 9 */
        byte               :1;
        byte               :1;
        byte               :1;
        byte               :1;
        byte               :1;
        byte               :1;
      } Bits;
      struct {
```

```
    byte grpADCV_8 :2;
    byte        :1;
    byte        :1;
    byte        :1;
    byte        :1;
    byte        :1;
    byte        :1;
  } MergedBits;
} ADC1CVHSTR;
#define ADC1CVH          _ADC1CV.Overlap_STR.ADC1CVHSTR.Byte
#define ADC1CVH_ADCV8    _ADC1CV.Overlap_STR.ADC1CVHSTR.Bits.ADCV8
#define ADC1CVH_ADCV9    _ADC1CV.Overlap_STR.ADC1CVHSTR.Bits.ADCV9
#define ADC1CVH_ADCV_8 _ADC1CV.Overlap_STR.ADC1CVHSTR.MergedBits.grpADCV_8
#define ADC1CVH_ADCV     ADC1CVH_ADCV_8


/*** ADC1CVL - Compare Value Register Low; 0x00000015 ***/
union {
  byte Byte;
  struct {
    byte ADR0          :1;              //数据结果位 0
    byte ADR1          :1;              //数据结果位 1
    byte ADR2          :1;              //数据结果位 2
    byte ADR3          :1;              //数据结果位 3
    byte ADR4          :1;              //数据结果位 4
    byte ADR5          :1;              //数据结果位 5
    byte ADR6          :1;              //数据结果位 6
    byte ADR7          :1;              //数据结果位 7
  } Bits;
} ADC1CVLSTR;
#define ADC1CVL          _ADC1CV.Overlap_STR.ADC1CVLSTR.Byte
#define ADC1CVL_ADCV0    _ADC1CV.Overlap_STR.ADC1CVLSTR.Bits.ADCV0
#define ADC1CVL_ADCV1    _ADC1CV.Overlap_STR.ADC1CVLSTR.Bits.ADCV1
#define ADC1CVL_ADCV2    _ADC1CV.Overlap_STR.ADC1CVLSTR.Bits.ADCV2
#define ADC1CVL_ADCV3    _ADC1CV.Overlap_STR.ADC1CVLSTR.Bits.ADCV3
#define ADC1CVL_ADCV4    _ADC1CV.Overlap_STR.ADC1CVLSTR.Bits.ADCV4
#define ADC1CVL_ADCV5    _ADC1CV.Overlap_STR.ADC1CVLSTR.Bits.ADCV5
#define ADC1CVL_ADCV6    _ADC1CV.Overlap_STR.ADC1CVLSTR.Bits.ADCV6
#define ADC1CVL_ADCV7    _ADC1CV.Overlap_STR.ADC1CVLSTR.Bits.ADCV7
```

```
    } Overlap_STR;
```

```
    } ADC1CVSTR;
    extern volatile ADC1CVSTR _ADC1CV @0x00000014;
    #define ADC1CV                              _ADC1CV.Word 4.比值寄存器
```

因此在 CW 开发平台中，数据结果寄存器可用 ADC1CV 按字访问。

4) 比值寄存器

比值寄存器(Compare Value Register，ADC1CVH: ADC1CVL)的 ADC1CVH 包含了 10 位比较值的高 2 位。当使能比较功能时，这些位和 10 位模式中的转换结果的高 2 位比较。在 8 位操作中，ADC1CVH 在比较过程中不使用。ADC 模块能够自动比较转换结果和比值寄存器的内容。通过设置 ACFE 位并结合任意一种转换模式和配置一起运行，就使能了比较功能。ADC1CVH 的地址为 0x0014，定义如表 13.6 所示。

表 13.6　ADC1CVH 位定义和复位值

位	D7	D6	D5	D4	D3	D2	D1	D0
读	0	0	0	0	0	0	ADCV9	ADCV8
写								
复位	0	0	0	0	0	0	0	0

ADC1CVL 包含了 10 位比较值的低 8 位，或者 8 位比较值的所有位。ADC1CVL 的地址为 0x0015，定义如表 13.7 所示。在 10 位或 8 位模式中，ADCV7:ADCV0 与转换结果的低 8 位比较。

表 13.7　ADC1CVL 的数据位定义和复位值

位	D7	D6	D5	D4	D3	D2	D1	D0
读 写	ADCV7	ADCV6	ADCV5	ADCV4	ADCV3	ADCV2	ADCV1	ADCV0
复位	0	0	0	0	0	0	0	0

比较功能可以设置为检测上限或下限。采样和转换输入后，结果和比较值(ADC1CVH 和 ADC1CVL)的补数相加。比较上限时(ACFGT=1)，如果结果大于或等于比较值，COCO 置位；比较下限时(ACFGT=0)，如果结果小于比较值，COCO 置位。转换结果和比较值的补数相加后产生的值传送到 ADC1RH 和 ADC1RL。

使能比较功能时，当一次转换完成，如果比较条件非真，COCO 不置位并且没有数据传输到结果寄存器。如果使能 ADC 中断(AIEN=1)，当 COCO 置位时，并生一次 ADC 中断。

这个比较功能可以用来监控通道的电压，这时 MCU 可能处于等待模式或 STOP3 模式。在满足比较条件时，ADC 中断会唤醒 MCU。

在 CW 开发平台中的 MC9S08AW60.h 文件中，关于比值寄存器有如下相关定义：

```
    /*** ADC1CV – 比值寄存器；地址：0x00000014 ***/
    typedef union {
        word Word;
```

```
/*  重叠寄存器*/
struct {
  /*** ADC1CVH – 比值高 8 位寄存器，地址：0x00000014 ***/
  union {
    byte Byte;
    struct {
      byte ADCV8          :1;        /*比值第 8 位*/
      byte ADCV9          :1;        /*比值第 9 位*/
      byte               :1;
      byte               :1;
      byte               :1;
      byte               :1;
      byte               :1;
      byte               :1;
    } Bits;
    struct {
      byte grpADCV_8 :2;
      byte      :1;
      byte      :1;
      byte      :1;
      byte      :1;
      byte      :1;
      byte      :1;
    } MergedBits;
  } ADC1CVHSTR;
  #define ADC1CVH            _ADC1CV.Overlap_STR.ADC1CVHSTR.Byte
  #define ADC1CVH_ADCV8    _ADC1CV.Overlap_STR.ADC1CVHSTR.Bits.ADCV8
  #define ADC1CVH_ADCV9    _ADC1CV.Overlap_STR.ADC1CVHSTR.Bits.ADCV9
  #define ADC1CVH_ADCV_8   _ADC1CV.Overlap_STR.ADC1CVHSTR.MergedBits.grpADCV_8
  #define ADC1CVH_ADCV    ADC1CVH_ADCV_8

  /*** ADC1CVL - Compare Value Register Low; 0x00000015 ***/
  union {
    byte Byte;
    struct {
      byte ADCV0          :1;        /*比值第 0 位 */
      byte ADCV1          :1;        /*比值第 1 位*/
      byte ADCV2          :1;        /*比值第 2 位*/
      byte ADCV3          :1;        /*比值第 3 位*/
```

```
        byte ADCV4          :1;          /*比值第 4 位*/
        byte ADCV5          :1;          /*比值第 5 位*/
        byte ADCV6          :1;          /*比值第 6 位*/
        byte ADCV7          :1;          /*比值第 7 位*/
      } Bits;
    } ADC1CVLSTR;
    #define ADC1CVL          _ADC1CV.Overlap_STR.ADC1CVLSTR.Byte
    #define ADC1CVL_ADCV0 _ADC1CV.Overlap_STR.ADC1CVLSTR.Bits.ADCV0
    #define ADC1CVL_ADCV1 _ADC1CV.Overlap_STR.ADC1CVLSTR.Bits.ADCV1
    #define ADC1CVL_ADCV2 _ADC1CV.Overlap_STR.ADC1CVLSTR.Bits.ADCV2
    #define ADC1CVL_ADCV3 _ADC1CV.Overlap_STR.ADC1CVLSTR.Bits.ADCV3
    #define ADC1CVL_ADCV4 _ADC1CV.Overlap_STR.ADC1CVLSTR.Bits.ADCV4
    #define ADC1CVL_ADCV5 _ADC1CV.Overlap_STR.ADC1CVLSTR.Bits.ADCV5
    #define ADC1CVL_ADCV6 _ADC1CV.Overlap_STR.ADC1CVLSTR.Bits.ADCV6
    #define ADC1CVL_ADCV7 _ADC1CV.Overlap_STR.ADC1CVLSTR.Bits.ADCV7

    } Overlap_STR;

  } ADC1CVSTR;
  extern volatile ADC1CVSTR _ADC1CV @0x00000014;
  #define ADC1CV                         _ADC1CV.Word
```

因此在 CW 开发平台中，比值寄存器可用 ADC1CV 按字访问。

5) 配置寄存器

配置寄存器(Configuration Register，ADC1CFG)用于选择操作模式、时钟源、时钟分频和低功耗或长采样时间。ADC1CFG 的地址为 0x0016，定义如表 13.8 所示。

表 13.8　ADC1CFG 的数据位定义和复位值

位	D7	D6	D5	D4	D3	D2	D1	D0
读	ADLPC	ADIV		ADLSMP	MODE		ADCLK	
写	ADLPC	ADIV		ADLSMP	MODE		ADCLK	
复位	0	0	0	0	0	0	0	0

D7——ADLPC 为低功率配置位。控制逐次逼近转换器的速度和配置功率。当不需要更高采样率时，ADLPC 可以用来优化功耗。ADLPC=0，高速配置；ADLPC=1，低速配置。

D6～D5——ADIV，为时钟分频选择位。选择 ADC 生成内部时钟 ADCK 所使用的分频率。表 13.9 显示了可用时钟分频数。

表 13.9　时钟分频选择

ADIV	分频因子	时钟
00	1	输入时钟
01	2	2 分频输入时钟
10	4	4 分频输入时钟
11	8	8 分频输入时钟

D4——ADLSMP 为采样时间配置位。用于选择长采样时间和短采样时间，调节采样时间，实现对高抗阻输入的精确采样，或者最大限度地提高对低抗阻输入的转换速度。如果在连续转换模式下不需要高转换速率，更长的采样时间还可以用来降低整体功耗。ADLSMP=0，短采样时间；ADLSMP=1，长采样时间。

D3~D2——MODE 为转换模式选择位。用于选择 8 位或 10 位转换，见表 13.10。

D1~D0——ADCLK 为输入时钟选择位。用于选择生成内部时钟 ADCK 的输入时钟源，见表 13.11。

A/D 转换模块可以选择 4 种时钟源：总线时钟(Bus clock)、总线时钟/2(Bus clock/2)、替代时钟 ALTCLK(Alternate Clock)、异步时钟 ADACK(Asynchronous Clock)。

① 总线时钟，等于软件运行的频率。这是复位后的默认选择。

② 总线时钟 2 分频，如果总线时钟很高，允许总线时钟最大为 16 分频。

③ 替代时钟是由内部时钟发生器(ICG)模块产生的外部参考时钟(ICGERCLK)，由于 ICGERCLK 仅当外部时钟源使能时才可用，所以 ICG 必须配置为 FEB 或者 FEE 模式(CLKS1=1)。ICGERCLK 所选的时钟源必须运行在一定的频率范围内，A/D 转换时钟(ADCK)可以通过对 ADIV 位的设置，从 ALTCLK 输入分频后，运行在指定频率范围(f_{ADCK})内。例如，假设 ADIV 位设置为分频是 4，那么 ALTCLK(ICGERCLK)的最小频率是 f_{ADCK} 最小值的 4 倍，最大频率是 f_{ADCK} 的最大值的 4 倍。由于最小频率要求，所以当使用振荡电路时必须设置为高范围运行(RANGE=1)。如果满足以上条件，当 MCU 处于等待模式时，ALTCLK 是使能的。这使得当 MCU 处于等待模式时，ALTCLK 可以用作 A/D 转换时钟源。当 MCU 处于 STOP3 模式时，ALTCLK 不能用作 A/D 转换时钟源。

④ 异步时钟由 ADC 模块内部的时钟源产生。当选择这个时钟源时，若 MCU 处于等待或停止模式时，该时钟仍有效，允许在这些模式中以更低的噪音操作来进行转换。

<table>
<tr><td colspan="2">表 13.10　转换模式</td></tr>
<tr><td>模式</td><td>模式描述</td></tr>
<tr><td>00</td><td>8 位转换(N=8)</td></tr>
<tr><td>01</td><td>保留</td></tr>
<tr><td>10</td><td>10 位转换(N=10)</td></tr>
<tr><td>11</td><td>保留</td></tr>
</table>

<table>
<tr><td colspan="2">表 13.11　时钟源选择</td></tr>
<tr><td>ADCLK</td><td>时钟源选择</td></tr>
<tr><td>00</td><td>总线时钟</td></tr>
<tr><td>01</td><td>总线时钟/2</td></tr>
<tr><td>10</td><td>替代时钟(ALTCLK)</td></tr>
<tr><td>11</td><td>异步时钟(ADACK)</td></tr>
</table>

无论选择哪个时钟，其频率都必须在规定的 ADCK 频率范围内。如果可用时钟太慢，ADC 将无法保证正常工作；如果可用时钟太快，时钟必须分频到适当的频率。分频因子由 ADIV 位决定，可以进行 1、2、4、8 分频。

在 CW 开发平台中的 MC9S08AW60.h 文件中，关于配置寄存器有如下相关定义：

```
/*** ADC1CFG - Configuration Register; 0x00000016 ***/
typedef union {
  byte Byte;
  struct {
    byte ADICLK0      :1;              /* 输入时钟选择 0 位 */
    byte ADICLK1      :1;              /* 输入时钟选择 1 位 */
    byte MODE0        :1;              /* 转换模式选择 0 位 */
```

```
    byte MODE1          :1;              /* 转换模式选择 1 位 */
    byte ADLSMP         :1;              /* 长时间采样配置位 */
    byte ADIV0          :1;              /* 时钟分频第 0 位 */
    byte ADIV1          :1;              /* 时钟分频第 1 位 */
    byte ADLPC          :1;              /* 低功耗配置位 */
  } Bits;
  struct {
    byte grpADICLK :2;
    byte grpMODE :2;
    byte          :1;
    byte grpADIV :2;
    byte          :1;
  } MergedBits;
} ADC1CFGSTR;
extern volatile ADC1CFGSTR _ADC1CFG @0x00000016;
#define ADC1CFG                          _ADC1CFG.Byte
#define ADC1CFG_ADICLK0                  _ADC1CFG.Bits.ADICLK0
#define ADC1CFG_ADICLK1                  _ADC1CFG.Bits.ADICLK1
#define ADC1CFG_MODE0                    _ADC1CFG.Bits.MODE0
#define ADC1CFG_MODE1                    _ADC1CFG.Bits.MODE1
#define ADC1CFG_ADLSMP                   _ADC1CFG.Bits.ADLSMP
#define ADC1CFG_ADIV0                    _ADC1CFG.Bits.ADIV0
#define ADC1CFG_ADIV1                    _ADC1CFG.Bits.ADIV1
#define ADC1CFG_ADLPC                    _ADC1CFG.Bits.ADLPC
#define ADC1CFG_ADICLK                   _ADC1CFG.MergedBits.grpADICLK
#define ADC1CFG_MODE                     _ADC1CFG.MergedBits.grpMODE
#define ADC1CFG_ADIV                     _ADC1CFG.MergedBits.grpADIV
```

因此在 CW 开发平台中，配置寄存器可用 ADC1CFG 按字节访问，也可以用 ADC1CFG_ADLPC、ADC1CFG_ADICLK、ADC1CFG_MODE、ADC1CFG_ADIV 按位域来访问相应的控制位。

6) 引脚控制寄存器

引脚控制寄存器(Pin Contrul Register，APCTL1、APCTL2、APCTL3)用于禁止 MCU 的模拟输入引脚作为 I/O 口。

APCTL1 的地址为 0x0017，定义如表 13.12 所示。

表 13.12   APC1TL1 的数据位定义

位	D7	D6	D5	D4	D3	D2	D1	D0
读 写	ADPC7	ADPC6	ADPC5	ADPC4	ADPC3	ADPC2	ADPC1	ADPC0
复位	0	0	0	0	0	0	0	0

APCTL2 的地址为 0x0018，定义如表 13.13 所示。

表 13.13　APCTL2 的数据位定义

位	D7	D6	D5	D4	D3	D2	D1	D0
读 写	ADPC15	ADPC14	ADPC13	ADPC12	ADPC11	ADPC10	ADPC9	ADPC8
复位	0	0	0	0	0	0	0	0

APCTL3 的地址为 0x0019，定义如表 13.14 所示。

D7～D0——ADPC23～ADPC0 为引脚控制位。ADPCn=0，相应引脚不作为 ADC 的输入；ADPCn=1，相应引脚作为 ADC 的输入。使用 ADC 模块时，必须将所选通道的引脚控制寄存器的相应位置为 1。

表 3.14　APCTL3 的数据位定义

位	D7	D6	D5	D4	D3	D2	D1	D0
读 写	ADPC23	ADPC22	ADPC21	ADPC20	ADPC19	ADPC18	ADPC17	ADPC16
复位	0	0	0	0	0	0	0	0

当置位引脚控制寄存器相应位时，对应的 MCU 引脚将会服从以下的条件：

(1) 输出缓冲器进入高阻抗状态。

(2) 输入缓冲器禁止。对于其输入缓冲器被禁止的任何引脚，I/O 端口读数均返回 0。

(3) 禁止上拉电阻。

在 CW 开发平台中的 MC9S08AW60.h 文件中，关于 APCTL1 有如下相关定义：

```
/*** APCTL1 - ADC10 Pin Control 1 Register; 0x00000017 ***/
typedef union {
  byte Byte;
  struct {
    byte ADPC0        :1;      /* ADPC0 为引脚控制第 0 位*/
    byte ADPC1        :1;      /* ADPC0 为引脚控制第 1 位*/
    byte ADPC2        :1;      /* ADPC0 为引脚控制第 2 位*/
    byte ADPC3        :1;      /* ADPC0 为引脚控制第 3 位*/
    byte ADPC4        :1;      /* ADPC0 为引脚控制第 4 位*/
    byte ADPC5        :1;      /* ADPC0 为引脚控制第 5 位*/
    byte ADPC6        :1;      /* ADPC0 为引脚控制第 6 位*/
    byte ADPC7        :1;      /* ADPC0 为引脚控制第 7 位*/
  } Bits;
} APCTL1STR;
extern volatile APCTL1STR _APCTL1 @0x00000017;
#define APCTL1                    _APCTL1.Byte
#define APCTL1_ADPC0              _APCTL1.Bits.ADPC0
```

#define APCTL1_ADPC1	_APCTL1.Bits.ADPC1
#define APCTL1_ADPC2	_APCTL1.Bits.ADPC2
#define APCTL1_ADPC3	_APCTL1.Bits.ADPC3
#define APCTL1_ADPC4	_APCTL1.Bits.ADPC4
#define APCTL1_ADPC5	_APCTL1.Bits.ADPC5
#define APCTL1_ADPC6	_APCTL1.Bits.ADPC6
#define APCTL1_ADPC7	_APCTL1.Bits.ADPC7

因此在 CW 开发平台中,可用 APCTL1 按字节访问,也可以用形如 APCTL1_ADPCx (x 取 0～7)标识符按位访问。对 APCTL2、APCTL3 也有相似的访问形式。

3. A/D 转换的初始化、完成和终止

1) 转换初始化

一个转换被初始化:

(1) 如果选择软件触发操作,在写 ADC1SC1 之后(ADCH 不是全 1)。

(2) 如果选择硬件触发操作,在一个硬件触发(ADHWT)事件之后。

(3) 当允许连续转换时,在将数据传到数据寄存器之后。

如果使能为连续转换,当前转换完成后,一个新的转换可以自动初始化。在软件触发操作,连续转换在写 ADC1SC1 后开始,并继续直到终止。在硬件触发操作,连续转换在硬件触发事件后开始,并继续直到终止。

2) 完成转换

当转换的结果传到数据结果寄存器(ADC1RH 和 ADC1RL)后,转换完成,通过置位 COCO 来表示。如果 AIEN 是 1,在 COCO 置位时会产生一个中断。在 10 位模式中,如果数据正在被读(ADC1RH 已经被读但是 ADC1RL 还未被读),拦截机制防止新数据覆盖 ADC1RH 和 ADC1RL 中原有的数据。当拦截机制处于工作状态时,数据传送被拦截,COCO 不能置位,新转换数据丢失。在允许比较功能的单个转换的情况下,若比较条件为假,拦截不起作用,ADC 操作终止。在其他情况下,当数据传送被拦截,无论 ADCO 处于何种状态(使能单个或连续转换),都会初始化另一个转换。如果使能单个转换,拦截机制可能导致丢弃几个转换并且有额外的功耗。为了避免这种情况,在初始化一个单个转换后,数据寄存器直到转换完成才能读。

3) 终止转换

当出现下列情况时,进行中的任何转换都将中止:

(1) ADC1SC1 写入(当前转换被中止,如果 ADCH 不都是 1,则会初始一个新转换。)。

(2) ADC1SC2、ADC1CFG、ADC1CVH 或 ADC1CVL 写入。这表明出现运行模式更改,因此当前转换无效。

(3) MCU 复位。

(4) MCU 进入停止模式,ADACK 被禁止。

当一个转换终止,数据寄存器(ADCRH 和 ADCRL)的内容不会改变,还是上次转换后完成后的传送的值。在因复位导致的转换终止情况中,ADCRH 和 ADCRL 返回到它们的复位值。

直到初始化一个转换，ADC 模块都保持空闲。如果 ADACK 被选作转换时钟源，ADACK 时钟产生器也被使能。

4．转换时间

总转换时间依赖于采样时间(由 ADLSMP 决定)、MCU 总线频率、转换模式(8 位或 10 位)和转换时钟的频率(f_{ADCK})。模块使能后，输入的采样开始。可用 ADLSMP 选择长采样时间还是短采样时间。当转换完成，转换器和输入通道隔离，用逐次渐进算法将模拟信号转换成数字信号。转换算法完成后，转换结果传送到 ADC1RH 和 ADC1RL 中。

表 13.15　总转换时间与控制条件的比较

转换类型	ADCLK	ADLSMP	最长总转换时间
单个或第一个连续转换 8 位	0x，10	0	20ADCK 周期+5 T_{BUS}
单个或第一个连续转换 10 位	0x，10	0	23ADCK 周期+5 T_{BUS}
单个或第一个连续转换 8 位	0x，10	1	40ADCK 周期+5 T_{BUS}
单个或第一个连续转换 10 位	0x，10	1	43ADCK 周期+5 T_{BUS}
单个或第一个连续转换 8 位	11	0	5 μs+20ADCK+5 T_{BUS}
单个或第一个连续转换 10 位	11	0	5 μs+23ADCK+5 T_{BUS}
单个或第一个连续转换 8 位	11	1	5 μs+40ADCK+5 T_{BUS}
单个或第一个连续转换 10 位	11	1	5 μs+43ADCK+5 T_{BUS}
后续连续转换 8 位 fBUS≥fADCK	xx	0	17ADCK 周期
后续连续转换 10 位 fBUS≥fADCK	xx	0	20ADCK 周期
后续连续转换 8 位 fBUS≥fADCK/11	xx	1	37ADCK 周期
后续连续转换 10 位 fBUS≥fADCK/11	xx	1	40ADCK 周期

注：T_{BUS} 为总线时钟周期。

如果总线频率小于 f_{ADCK} 频率，在使能短采样时间(ADLSMP=0)时，不能保证连续转换模式下采样时间的准确性。如果总线频率小于 f_{ADCK} 频率的 1/11，在使能长采样时间(ADLSMP=1)时，不能保证连续转换模式下采样时间的准确性。表 13.15 概括了不同条件下的最长总转换时间。

最长的总转换时间由所择时钟源和分频率决定。时钟源由 ADCLK 位决定，分频率由 ADIV 决定。

例如，在 10 位模式中，总线时钟选为输入时钟源，输入时钟分频率选为除以 1，总线频率为 8MHz，那么单转换的转换时间为：

$$转换时间 = \frac{23个ADCK周期}{8\,MHz} + \frac{5个总线周期}{8\,MHz}$$

总线周期数 = 3.5 μs × 8 MHz=28 周期

注：ADCK 频率必须介于 f_{ADCK} 最小值和最大值之间才符合 ADC 技术规范。

5．MCU 各个工作模式下的 A/D 转换

WAIT 指令使 MCU 处于更低功耗的等待模式，待机模式的恢复非常快，因为时钟源保持有效状态。

如果正在进行转换时 MCU 进入等待模式,那么转换会继续,直到完成。在 MCU 处于等待模式时,通过硬件触发或使能连续转换,可以初始化转换。

处于等待模式时,总线时钟、总线时钟的二分频和 ADACK 可以作为转换时钟源。ALTCLK 可作为转换时钟源是由该 MCU 的 ALTCLK 的定义决定的。参考该 MCU 中模块说明中关于 ALTCLK 的信息。

如果 ADC 中断使能(AIEN=1),转换完成事件就会设置 COCO 位,生成 ADC 中断,把 MCU 从等待模式中唤醒。

STOP 指令使 MCU 进入低功耗待机模式,在该模式中,MCU 上的大多数甚至所有时钟源都被禁止。

如果异步时钟 ADACK 未被选为转换时钟源,执行 STOP 指令将中止当前转换,并把 ADC 置为空闲状态。ADC1RH 和 ADC1RL 内容不受 STOP3 模式的影响。从 STOP3 模式退出后,需要软件或硬件触发以重新开始转换。

如果异步时钟 ADACK 已被选为转换时钟源,ADC 会在 STOP3 模式中继续运行。为了保证 ADC 操作,MCU 的电压调节器在 STOP3 模式中必须保持在工作状态。参考该 MCU 模块介绍中的配置信息。

若 MCU 进入停止模式时,有转换正在处理,则需等待转换结束。若 MCU 已处于停止模式,通过硬件触发的方式或者使能连续转换模式,可以重新开始转换。

ADC 可能将系统从低功率停止中唤醒,导致 MCU 开始强烈地运行电平电流而没有产生一个系统级的中断。为了避免这种情况,当进入 STOP3 模式并继续 ADC 转换时,软件应该确保数据传输拦截机制已经清除。

当 MCU 进入 STOP1 或 STOP2 模式时,ADC 模块会被自动禁止。所有模块寄存器在退出 STOP1 或 STOP2 模式后都包含它们的复位值,因此,在从 STOP1 或 STOP2 退出后,模块必须重新使能和重新配置。

13.2.3　AW60 的内置温度传感器

AW60 的 AD26 通道连接了一个内置的温度传感器,它的近似传递函数如下:

$$T = 25 - (V_T - V_{T25}) \div m$$

其中:

V_T 是在当前环境温度下温度传感器通道的电压。

V_{T25} 是 25℃时的温度传感器通道的电压。

m 是以 V/℃表示的热或冷电压与温度比较值。

进行温度计算,如果 V_T 大于 V_{T25},m 为冷端斜率;如果 V_T 小于 V_{T25},m 为热端斜率。V_{T25} 值和 m 值可参见 AN3031 文档(Temperature Sensor for the HCS08 Microcontroller Family, Rev. 1)。

13.3　项目硬件设计

按照项目设计要求,本项目硬件主要是由 AW60 最小系统和 LED 数码管显示系统构成。

LED 数码管显示系统采用项目 6 中的硬件设计。具体设计参见项目 6，在此不再赘述。

13.4　项目软件设计

13.4.1　软件结构与流程设计

软件设计上 A/D 转换数据采集采用中断方式进行。因此本项目软件包括主程序模块、中断程序模块、A/D 转换模块、LED 模块、延时模块。其中 LED 模块、延时模块可参考项目 6 相关内容，在此不再赘述。A/D 转换模块提供 A/D 转换初始化功能，即对 A/D 转换相关寄存器进行配置。中断模块主要是保存 A/D 转换结果。主程序模块先进行 MCU 初始化、LED 初始化和 A/D 转换初始化，然后根据进入采样结果回归与显示的循环。相应的主程序流程图和中断处理流程图分别如图 13-2、图 13-3 所示。

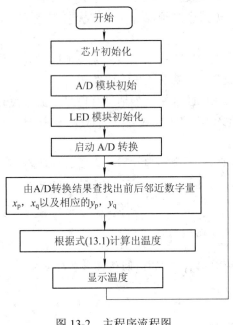

图 13-2　主程序流程图

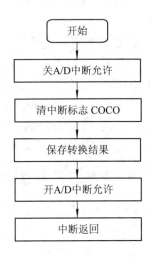

图 13-3　中断程序流程图

13.4.2　主要代码分析

1. A/D 模块

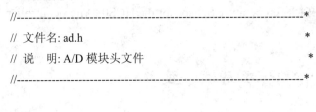

```
//-----------------------------------------------------------*
// 文件名: ad.h                                               *
// 说　明: A/D 模块头文件                                      *
//-----------------------------------------------------------*

#ifndef  AD_H
#define  AD_H
```

```
//头文件
    #include "MC9S08AW60.h"          //映像寄存器地址头文件

//宏定义

 //3  函数声明
    void ad_init(void);              //数字显示
#endif
//----------------------------------------------------------------*
//  文件名:  ad.c                                                 *
//  说    明:  A/D 模块源程序文件                                  *
//----------------------------------------------------------------*

#include "ad.h"
void ad_init(void)
{
    ADC1SC1_ADCO= 1;          //使用连续转换功能
    ADC1SC1_AIEN=1;           //打开模块中断
    ADC1SC2_ADTRG=0;          //软件触发转换开始
    ADC1CFG_ADLPC=1;          //选择低功率，低速转换
    ADC1CFG_ADIV=1;           //时钟 2 分频
    ADC1CFG_ADLSMP=1;         //长采样时间
    ADC1CFG_MODE=0;           //8 位转换模式
    ADC1CFG_ADICLK=3;         //选择异步时钟
    ADC1SC1_ADCH= 0B11010;    //通道选择
}
```

2. 中断处理模块

```
//--------------------------------------------*
//  文件名: isr.h                             *
//  说    明: 中断处理模块头文件               *
//--------------------------------------------*
#ifndef ISR_H
#define ISR_H

  #include "MC9S08AW60.h"
  // 在此添加全局变量声明
 extern unsigned int ad_t;
```

```
#endif


//-------------------------------------------------------------------*
// 文件名: isr.c                                                    *
// 说    明: 中断处理函数,此文件包括:                                 *
//              (1) isr_adc :A/D 转换完成中断处理函数                *
//              (2)isrDummy:空函数                                  *
//-------------------------------------------------------------------*


#include "isr.h"


//----------------------------------------------------*
//函数名: isr_adc                                      *
//说    明:将转换结果保存到全局变量中                   *
//----------------------------------------------------*
interrupt void isr_adc(void)
{
    ADC1SC1_AIEN=0;//关闭 A/D 转换完成中断
    ad_t= ADC1R;//将结果保存到全局变量，同时清中断标志 COCO
    ADC1SC1_AIEN=1; //开 A/D 转换完成中断
}
//未定义的中断处理函数,本函数不能删除
interrupt void isrDummy(void)
{

}

//中断处理子程序类型定义
typedef void( *ISR_func_t)(void);

//中断矢量表，如果需要定义其他中断函数，请修改下表中的相应项目
const ISR_func_t ISR_vectors[] @0xFFCC =
{
    isrDummy,          //时基中断
    isrDummy,          //IIC 中断
    isr_adc,           //ADC 转换中断
    isrDummy,          //键盘中断
    isrDummy,          //SCI2 发送中断
    isrDummy,          //SCI2 接收中断
```

```
    isrDummy,              //SCI2 错误中断
    isrDummy,              //SCI1 发送中断
    isrDummy,              //SCI1 接收中断
    isrDummy,              //SCI1 错误中断
    isrDummy,              //SPI 中断
    isrDummy,              //TPM2 溢出中断
    isrDummy,              //TPM2 通道 1 输入捕捉/输出比较中断
    isrDummy,              //TPM2 通道 0 输入捕捉/输出比较中断
    isrDummy,              //TPM1 溢出中断
    isrDummy,              //TPM1 通道 5 输入捕捉/输出比较中断
    isrDummy,              //TPM1 通道 4 输入捕捉/输出比较中断
    isrDummy,              //TPM1 通道 3 输入捕捉/输出比较中断
    isrDummy,              //TPM1 通道 2 输入捕捉/输出比较中断
    isrDummy,              //TPM1 通道 1 输入捕捉/输出比较中断
    isrDummy,              //TPM1 通道 0 输入捕捉/输出比较中断
    isrDummy,              //ICG 的 PLL 锁相状态变化中断
    isrDummy,              //低电压检测中断
    isrDummy,              //IRQ 引脚中断
    isrDummy,              //SWI 指令中断
    //RESET 是特殊中断,其向量由开发环境直接设置(在本软件系统的 Start08.o 文件中)
};
```

3. 主函数模块

```
#include <hidef.h> /* 包含中断允许宏 */
#include "derivative.h" /* 包含外围部件声明 */
#include "show_num.h"
#include "MCUinit.h"
#include "ad.h"
unsigned int ad_t=0;
//unsigned char ad_flag=0;
void main(void)
{
    //查找表构造
const unsigned char ad[16] ={0,16,32,48,64,80,96,112,128,144,160,176,192,208,224,240};
    const char        tem[16] ={0,79,56,43,34,27,21,15,  10,  5,  -1, -6, -11, -18, -26,-40};

    unsigned char i;
    unsigned char    ad_ex,ad_n;
    unsigned char    tem_ex,tem_n;
```

```
unsigned char temp;

DisableInterrupt(); /* 禁止中断 */
MCUInit() ;
led_port_init();
EnableInterrupt();
ad_init();
for(;;)
{
        for(i=0;ad_t>ad[i]&&i<16;i++)//转换数字量左右近邻查找
        {

        }
        //根据公式(13.1)计算回归值
        ad_ex=ad[i-1];
        ad_n=ad[i];
        tem_ex =tem[i-1];
        tem_n   =tem[i];
        temp= ((tem_ex- tem_n )/(ad_ex-ad_n) ) * (ad_t-ad_n)+ tem_n;
        show_num(temp,1);//回归量显示
} /* 永不退出 */

}
```

设 计 小 结

1. 传感器输出信号转换为数字量后，一般都需要经过回归处理后才能反映实际物理量。

2. 最简单的回归方法有查表法和线性插值方法，有时这种回归方法不能满足精度要求，这时可以考虑采用曲线拟合等其他回归方法。

3. A/D 转换需要一定的时间，因此只有转换完成才能读取到有效的数字量。可以采用中断方式读取转换值，也可以采用查询方式读取转换值。

习　　题

1. 什么是采样精度，其指标一般用什么来表示？

2. 简述 AW60 的 A/D 转换模块涉及哪些寄存器，以及这些寄存器的主要功能。

3. 将本项目中的 LED 模块用 LCD 模块替换，请给出完整的软硬件设计。

4. 以本项目为基础，设计一个简易的电压表，测量范围为 0～5 V。

项目 14　Flash 与 RAM 存储特性演示

14.1　项目内容与要求

(1) 利用 AW60 中的可在线写入的 Flash 存储器和 RAM 演示两者存储特性的区别。

(2) 了解 Flash 存储器和 RAM 存储特性。

(3) 掌握 Flash 存储器在线写入软件设计方法。

14.2　项目背景知识

14.2.1　RAM 与 Flash 概述

按照存储特性,存储器主要分为两大类,即 RAM(Random Access Memory)和 ROM(Read Only Memory)两种。RAM 读写速度快,但断电后数据不能维持;ROM 中存储的数据不需要供电维持,但数据读出速度较慢。另外有些种类的 ROM 无法写入,有的 ROM 能够写入,但写入速度很慢且不够方便。

RAM 又可分为 SRAM(Static RAM,静态存储器)和 DRAM(Dynamic RAM,动态存储器)。SRAM 是利用双稳态触发器来保存信息的,只要不掉电,信息是不会丢失的。DRAM 是利用 MOS(金属氧化物半导体)电容存储电荷来储存信息,因此必须通过不停地给电容充电来维持信息,所以 DRAM 的成本、集成度、功耗等明显优于 SRAM。SRAM 速度非常快,但价格也相对昂贵,一般用于 CPU 的一、二级缓存。DRAM 保留数据的时间很短,需要不断刷新,虽然访问速度不及 SRAM,但比 ROM 快,集成度高,价格优于 SRAM,因此用作计算机内存。DRAM 中的 SDRAM 是一种同步动态存储器,通过一个单一的系统时钟同步所有的地址数据和控制信号。因此使用 SDRAM 不但能提高系统性能,还能简化设计、提供高速的数据传输。所以在嵌入式系统中 SDRAM 使用最为广泛。在 PC 中,外存一般是磁盘或固态硬盘,计算机启动后,其上存储的操作系统和用户程序都被加载到 DRAM 中运行。

ROM 也有很多种,PROM 是可编程的 ROM,EPROM 是可擦除可编程 ROM。PROM 是一次性的,写入无法修改。而 EPROM 可通过紫外光的照射擦除原先写入的内容,是一种通用的存储器。另外还有一种电擦除可编程存储器 EEPROM,它可通过施加较高电压进行擦除,其价格较高,写入时间较长。

Flash ROM(简称 Flash,又叫闪存)是 ROM 存储器家族中的一种,也是非易失性存储器

(掉电不会丢失)，Flash ROM 擦写方便，访问速度快，很大程度上取代了传统 EPROM 的地位。Flash 存储器结合了 ROM 和 RAM 的长处，不仅具备电子可擦除可编程(EEPROM)的性能，断电还不会丢失数据，同时可以快速读取数据。U 盘和固态硬盘中使用的就是这种存储器。

近年来 Flash 全面代替了 EPROM 在嵌入式系统中的地位，用于存储 bootloader、操作系统、程序代码，或者作为外存储器使用。

目前 Flash 主要有 NOR Flash 和 NADD Flash。NOR Flash 的读取和 SDRAM 一样，装载在 NOR Flash 里面的代码可以直接运行，这样可以减少 SRAM 的容量从而节约了成本。NAND Flash 没有采取随机读取内存的技术，它是以一次读取一块的形式来进行的，通常是一次读取 512 个字节，采用这种技术的 Flash 比较廉价。NAND Flash 上的代码不能直接运行，因此除了使用 NAND Flash 以外，还用一块小的 NOR Flash 来运行启动代码。

一般小容量存储用 NOR Flash，因为其读取速度快，程序可以直接在(NOR 型)Flash 内运行，不必再把代码读到系统 RAM 中。而大容量存储用 NAND Flash，最常见的应用是做嵌入式系统的 DOC(Disk On Chip)和"闪盘"，可以在线擦除。

Flash 存储器具有以下特点。

(1) 固有不挥发性。这一特点与磁存储器相似，Flash 存储器不需要后备电源来保持数据。所以，它具有与磁存储器一样无需电能保持数据的优点。

(2) 易更新性。Flash 存储器具有电可擦除的特点。相对于 EPROM(电可编程只读存储器)的紫外线擦除方式，Flash 存储器的电擦除功能为开发者节省了大量时间，也为最终用户更新存储器内容提供了方便条件。

(3) 成本低、密度高、可靠性好。与 EEPROM(电可擦除可编程只读存储器)相比，Flash 存储器的成本更低、密度更高、可靠性更好。

在 MCU 中，一般利用 Flash 存储器来固化程序，这种情况下需要通过编程器来完成程序的写入操作，Flash 存储器工作于这种情况称为监控模式(Monitor Mode)或写入器模式，这与一般的 EPROM、OTP、EEPROM 装入程序的方式十分相似。

由于 Flash 存储器具有电可擦除的特点，因此在程序运行过程中有可能对 Flash 存储区的数据或程序进行更新，并保存有关数据，掉电后不丢失。Flash 存储器工作于这种情况叫做用户模式(User Mode)或在线编程模式(In-Circuit Program)。

并不是所有类型的 MCU 的内部 Flash 存储器都具有在线编程功能。目前有的公司出品的 MCU 还不支持 Flash 存储器在线编程模式。Freescale 的 S08 系列 MCU 的片内 Flash 均支持这两种编程模式。一般来说，这两种模式对 Flash 存储器的编程操作的程序是一致的，差别在于调用这些程序的方式和环境的不同。

14.2.2　S08 系列 MCU 的 Flash 存储器特点

Freescale 公司在 Flash 存储器技术相当成熟之后才推出了片内带有 Flash 存储器的 8 位 MCU，其在应用的方便性和可靠性等方面有独到的特点，主要表现如下。

(1) 编程速度快且可靠性高。S08 系列 MCU 的片内 Flash 存储器的整体擦除时间可以控制在 5 ms 以内，对单字节的编程(写入)时间也在 40 ns 以内。片内 Flash 存储器的存储数据可以保持 10 年以上，可擦写次数均在 1 万次以上。

(2) 单一电源电压供电。一般的 Flash 存储器，在正常的只读情况下，只需要用户为其提供普通的工作电压即可，而要对其编程(写入)时还需要同时提供高于正常工作电压的编程电压。正因为 Flash 的读写电压要求不同，一些公司的内置 Flash 存储器便放弃了在线擦除写入功能，而仅有通过编程器的写入功能。但是，S08 系列 MCU 通过在片内集成的电荷泵，可由单一工作电压在片内产生出编程电压，这样就产生了单一电源供电的在线编程电压，而不需要为 Flash 的编程增加额外的编程电压模块，同时也使 S08 系列 MCU 兼具了两种编程模式。

(3) 支持在线编程。S08 系列 MCU 的片内 Flash 存储器支持在线编程，允许 MCU 内部运行的程序去改写 Flash 存储器的内容，这样就可以代替外部电可擦除存储芯片，从而减少了外围部件，增加了嵌入式系统开发的方便性。

14.2.3　AW60 Flash 存储器的编程寄存器

在 AW60 中，与 Flash 编程有关的寄存器有 6 个，它们分别是 Flash 时钟分频寄存器 (FCDIV)、Flash 选项寄存器(FOPT 和 NVOPT)、Flash 配置寄存器(FCNFG)、Flash 保护寄存器(FPROT 和 NVPROT)、Flash 状态寄存器(FSTAT)和 Flash 命令寄存器(FCMD)。

1. Flash 时钟分频寄存器

FCDIV(Flash Clock Divider Register，FLCR)的地址是$1820，其各位的定义如表 14.1 所示。

表 14.1　FCDIV 的位定义

数据位	D7	D6	D5	D4	D3	D2	D1	D0
定义	DIVLD	PRDIV8	DIV5	DIV4	DIV3	DIV2	DIV1	DIV0
复位	0	0	0	0	0	0	0	0

D7——DIVLD 为分频设置状态标志位(Divisor Loaded Status Flag)，DIVLD 为只读位。DIVLD=1 时，表示在复位后 FCDIV 已经被改写过，可以对 Flash 进行擦写操作；DIVLD=0 时，表示在复位后 FCDIV 没有被改写过，不可对 Flash 进行擦写操作。

D6——PRDIV8 为 Flash 预分频设置位(Prescale Flash Clock by 8)。PRDIV8=1 时，表示 Flash 分频器的时钟输入是总线时钟频率的八分之一；PRDIV8=0 时，表示 Flash 分频器的时钟输入是总线时钟频率。

D5～D0——DIV5～DIV0 为 Flash 时钟分频器的分频因子。Flash 的内部工作时钟 f_{FCLK} 的计算方法如下：

如果 PRDIV8 = 0，$f_{\text{FCLK}} = \dfrac{f_{\text{Bus}}}{[\text{DIV5} : \text{DIV0}] + 1}$

如果 PRDIV8 = 1，$f_{\text{FCLK}} = \dfrac{f_{\text{Bus}}}{8 \times [\text{DIV5} : \text{DIV0}] + 1}$

在对 Flash 进行编程操作时，Flash 的内部工作时钟必须降到 150 kHz～200 kHz，擦/写操作的脉冲是 Flash 的内部工作时钟的一个时钟周期，所以擦/写的时间相应地在 6.7 μs～5 μs。表 14.2 列出了对 FCDIV 寄存器设置不同的数值时对 Flash 擦写操作的影响。

表 14.2 Flash 时钟分频器的参数设置

f_{Bus}	PRDIV8	DIV5:DIV0	f_{FCLK}	擦写的时钟脉冲
20MHz	1	12	192.3KHz	5.2 µs
10MHz	0	49	200KHz	5 µs
8MHz	0	39	200KHz	5 µs
4MHz	0	19	200KHz	5 µs
2MHz	0	9	200KHz	5 µs
1MHz	0	4	200KHz	5 µs
200KHz	0	0	200KHz	5 µs
150KHz	0	0	150KHz	6.7 µs

在 CW 开发平台中的 MC9S08AW60.h 文件中，关于 Flash 时钟分频寄存器有如下相关定义：

```
/*** FCDIV - Flash Clock Divider Register; 0x00001820 ***/
typedef union {
    byte Byte;
    struct {
        byte DIV0        :1;      /*时钟分频因子 0 位*/
        byte DIV1        :1;      /*时钟分频因子 1 位*/
        byte DIV2        :1;      /*时钟分频因子 2 位*/
        byte DIV3        :1;      /*时钟分频因子 3 位*/
        byte DIV4        :1;      /*时钟分频因子 4 位*/
        byte DIV5        :1;      /*时钟分频因子 5 位*/
        byte PRDIV8      :1;      /*Flash 时钟 8 分频*/
        byte DIVLD       :1;      /*分频因子加载状态标志位*/
    } Bits;
    struct {
        byte grpDIV    :6;
        byte grpPRDIV_8 :1;
        byte          :1;
    } MergedBits;
} FCDIVSTR;
extern volatile FCDIVSTR _FCDIV @0x00001820;
#define FCDIV                    _FCDIV.Byte
#define FCDIV_DIV0               _FCDIV.Bits.DIV0
#define FCDIV_DIV1               _FCDIV.Bits.DIV1
#define FCDIV_DIV2               _FCDIV.Bits.DIV2
#define FCDIV_DIV3               _FCDIV.Bits.DIV3
#define FCDIV_DIV4               _FCDIV.Bits.DIV4
```

#define FCDIV_DIV5	_FCDIV.Bits.DIV5
#define FCDIV_PRDIV8	_FCDIV.Bits.PRDIV8
#define FCDIV_DIVLD	_FCDIV.Bits.DIVLD
#define FCDIV_DIV	_FCDIV.MergedBits.grpDIV

因此在 CW 开发平台中，可用 FCDIV 按字节访问，也可以用 FCDIV_DIV、FCDIV_DIVLD、FCDIV_PRDIV8 这些标识符访问相应的控制位。

2．Flash 选项寄存器

Flash 选项寄存器的地址是$1821，其各位定义如表 14.3 所示。

表 14.3　FOPT 寄存器的位定义

数据位	D7	D6	D5	D4	D3	D2	D1	D0
定义	KEYEN	FNORED	未定义	未定义	未定义	未定义	SEC01	SEC00
复位	将 NVOPT 中的内容装载到该寄存器中							

MCU 复位时，Flash 中的非易失性的 NVOPT 值被赋给 FOPT 寄存器，FOPT 可以读，但写操作是无效的。要改变 FOPT 寄存器的值，需要对 Flash 中 NVOPT 位擦除并重新写入新的数值。

D7——KEYEN 为后门锁机构允许位(Backdoor Key Mechanism Enable)。设置 KEYEN=0 时，表示不能用后门锁机构来解除存储器的保密性；KEYEN=1 时，如果用户使用固件写入 8 个字节的值，并且和后门钥匙 NVBACKKEY~NVBACKKEY+7 相匹配，在 MCU 复位前，存储器的保密性会暂时解除。

D6——FNORED 为矢量重定向禁止位(Vector Redirection Disable)。设置 FNORED=1 时，矢量重定向禁止；FNORED=0 时，矢量重定向允许。

D5~D2 位——未定义，读写无意义。

D1~D0 位——SEC01~SEC00 为安全状态码。这两位决定了 MCU 的保密性，如果 MCU 是保密的，RAM 和 Flash 中的内容不能通过非法访问，背景调试接口也不可访问。

表 14.4 给出了 MCU 的安全状态。在一次成功的后门钥匙登录或一次成功的 Flash 空白检测后，SEC01：SEC00 位会改变为 1:0。

表 14.4　安全状态

SEC01:SEC00	状态
0:0	保密
0:1	保密
1:0	保密
1:1	保密

在 CW 开发平台中的 MC9S08AW60.h 文件中，关于 Flash 选项寄存器有如下相关定义：

```
/*** FOPT - Flash Options Register; 0x00001821 ***/
typedef union {
  byte Byte;
  struct {
    byte SEC00        :1;        /*安全状态码位 0 */
    byte SEC01        :1;        /*安全状态码位 1 */
    byte             :1;
    byte             :1;
```

```
    byte                :1;
    byte                :1;
    byte FNORED         :1;        /*向量重定向允许*/
    byte KEYEN          :1;        /*后门密钥机制允许*/
  } Bits;
  struct {
    byte grpSEC0 :2;
    byte                :1;
    byte                :1;
    byte                :1;
    byte                :1;
    byte                :1;
    byte                :1;
  } MergedBits;
} FOPTSTR;
extern volatile FOPTSTR _FOPT @0x00001821;
#define FOPT                          _FOPT.Byte
#define FOPT_SEC00                    _FOPT.Bits.SEC00
#define FOPT_SEC01                    _FOPT.Bits.SEC01
#define FOPT_FNORED                   _FOPT.Bits.FNORED
#define FOPT_KEYEN                    _FOPT.Bits.KEYEN
#define FOPT_SEC0                     _FOPT.MergedBits.grpSEC0
```

因此在 CW 开发平台中，可用 FOPT 按字节访问，也可以用 FOPT_SEC0、FOPT_KEYEN、FOPT_FNORED 这些标识符访问相应的控制位。

3. Flash 配置寄存器

Flash 配置寄存器(Flash Configure Register，FCNFG)的地址是$1823，其各位定义如表14.5 所示。

表 14.5　FCNFG 的数据位定义

数据位	D7	D6	D5	D4	D3	D2	D1	D0
定义	未定义	未定义	KEYACC	未定义	未定义	未定义	未定义	未定义
复位	0	0	0	0	0	0	0	0

D5——KEYACC 为写访问钥匙允许位(Enable Writing of Access Key)。KEYACC=1 时，表示写 BVBACKKEY($FFB0-$FFB7) 被认为是进行密码比较；KEYACC=0 时，表示写 BVBACKKEY($FFB0-$FFB7)被认为是 Flash 擦写命令的开始。

在 CW 开发平台中的 MC9S08AW60.h 文件中，关于 Flash 配置寄存器有如下相关定义：

```
/*** FCNFG - FLASH Configuration Register; 0x00001823 ***/
typedef union {
  byte Byte;
```

```
struct {
  byte              :1;
  byte              :1;
  byte              :1;
  byte              :1;
  byte              :1;
  byte KEYACC       :1;                /* 写访问钥匙允许位 */
  byte              :1;
  byte              :1;
  } Bits;
} FCNFGSTR;
extern volatile FCNFGSTR _FCNFG @0x00001823;
#define FCNFG                        _FCNFG.Byte
#define FCNFG_KEYACC                 _FCNFG.Bits.KEYACC
```

因此在 CW 开发平台中，为方便和可读性好起见可以用 FCNFG_KEYACC 访问相应的控制位。

4．Flash 保护寄存器

Flash 保护寄存器(Flash Protect Register，FPROT 和 NVPROT)的地址是$1824，定义如表 14.6 所示。

表 14.6　Flash 保护寄存器的位定义

数据位	D7	D6	D5	D4	D3	D2	D1	D0
定义	FPS6	FPS5	FPS4	FPS3	FPS2	FPS1	FPS0	FPDIS
复位	将 NVPROT 中的内容装载到该寄存器中							

D7～D1——FPS6～FPS0 为 Flash 保护区域设置。FPDIS=0 时，这 7 位决定了未保护区域的结束地址。例如要保护从$E000～$FFFF 的 8192 个字节，则 FPS 位设置为1101000 即可。

D0——FPDIS 为 Flash 保护设置位(Flash Protection Disable)。FPDIS=1 时，Flash 不进行保护；FPDIS = 0 时，Flash 保护 FPS6：FPS0 所设置的区域。

在 CW 开发平台中的 MC9S08AW60.h 文件中，关于 Flash 保护寄存器有如下相关定义：

```
/*** FPROT - Flash Protection Register; 0x00001824 ***/
typedef union {
  byte Byte;
  struct {
    byte FPDIS       :1;          /* Flash 保护禁止位*/
    byte FPS1        :1;          /* Flash 保护选择位 1 */
    byte FPS2        :1;          /* Flash 保护选择位 2 */
    byte FPS3        :1;          /* Flash 保护选择位 3 */
    byte FPS4        :1;          /* Flash 保护选择位 4 */
```

```
    byte FPS5          :1;          /* Flash 保护选择位 5 */
    byte FPS6          :1;          /* Flash 保护选择位 6 */
    byte FPS7          :1;          /* Flash 保护选择位 7 */
  } Bits;
  struct {
    byte               :1;
    byte grpFPS_1 :7;
  } MergedBits;
} FPROTSTR;
extern volatile FPROTSTR _FPROT @0x00001824;
#define FPROT                            _FPROT.Byte
#define FPROT_FPDIS                      _FPROT.Bits.FPDIS
#define FPROT_FPS1                       _FPROT.Bits.FPS1
#define FPROT_FPS2                       _FPROT.Bits.FPS2
#define FPROT_FPS3                       _FPROT.Bits.FPS3
#define FPROT_FPS4                       _FPROT.Bits.FPS4
#define FPROT_FPS5                       _FPROT.Bits.FPS5
#define FPROT_FPS6                       _FPROT.Bits.FPS6
#define FPROT_FPS7                       _FPROT.Bits.FPS7
#define FPROT_FPS_1                      _FPROT.MergedBits.grpFPS_1
#define FPROT_FPS                        FPROT_FPS_1
```

因此在 CW 开发平台中，可用 FPROT 按字节访问，也可以用形如 FPROT_FPS、FPROT_FPDIS 访问相应的控制位。

5. Flash 状态寄存器

Flash 状态寄存器(Flash Status Register，FSTAT)的地址是$1825，定义如表 14.7 所示。

表 14.7　FSTAT 的数据位定义

数据位	D7	D6	D5	D4	D3	D2	D1	D0
定义	FCBEF	FCCF	FPVIO	FACCER	未定义	FBLAN	未定义	未定义
复位	1	1	0	0	0	0	0	0

D7——FCBEF 为 Flash 命令缓冲区空标志位(Flash Command Buffer Empty Flag)。FCBEF=1，表示命令缓冲区可以接收一个新的命令；FCBEF=0，表示命令缓冲区不空，不能接收新的命令。

D6——FCCF 为 Flash 命令完成标志位(Flash Command Complete Flag)。FCCF=1，表示所有命令已经执行完毕；FCCF=0，表示有命令正在执行中。

D5——FPVIO 为侵害保护标志位(Protection Violation Flag)。当 FCBEF 位被清除，一个擦写命令试图访问保护区域时，FPVIO 位自动置 1。FPVIO=1，表示试图对保护区域进行擦写操作；FPVIO=0，表示不进行侵害保护设置。

D4——FACCER 为访问出错标志位(Access Error Flag)。当擦写操作序列没有正常完成时，该位自动置 1。FACCER=1，表示一个访问错误已经发生。

D2——FBLANK 为 Flash 空白标志位(Flash Verified All Blank Flag)。如果 Flash 没有被写入任何数据，在执行一个空白检测命令后，该标志位置 1。在执行一个空白检测命令后，FBLANK=1，表示 Flash 是空的，即所有的字节为\$FF；FBLANK=0，表示 Flash 非空。

在 CW 开发平台中的 MC9S08AW60.h 文件中，关于 Flash 状态寄存器有如下相关定义：

```
/*** FSTAT - FLASH Status Register; 0x00001825 ***/
typedef union {
    byte Byte;
    struct {
        byte              :1;
        byte              :1;
        byte FBLANK       :1;        /* Flash 空白标志位*/
        byte              :1;
        byte FACCERR      :1;        /*访问错误标志*/
        byte FPVIOL       :1;        /*侵害保护标志*/
        byte FCCF         :1;        /*Flash 命令完成标志 */
        byte FCBEF        :1;        /*Flash 命令缓冲区空标志*/
    } Bits;
} FSTATSTR;
extern volatile FSTATSTR _FSTAT @0x00001825;
#define FSTAT                        _FSTAT.Byte
#define FSTAT_FBLANK                 _FSTAT.Bits.FBLANK
#define FSTAT_FACCERR                _FSTAT.Bits.FACCERR
#define FSTAT_FPVIOL                 _FSTAT.Bits.FPVIOL
#define FSTAT_FCCF                   _FSTAT.Bits.FCCF
#define FSTAT_FCBEF                  _FSTAT.Bits.FCBEF
```

因此在 CW 开发平台中，可用 FSTAT 按字节访问，也可以用形如 FSTAT_FBLANK、FSTAT_FACCERR、FSTAT_FPVIOL、FSTAT_FCCF、FSTAT_FCBEF 访问特定的控制位。

6. Flash 命令寄存器

FCMD(Flash Command Register)的地址是\$1826，定义如表 14.8 所示。

表 14.8 FCMD 的数据位定义

数据位	D7	D6	D5	D4	D3	D2	D1	D1
定义	FCMD7	FCMD6	FCMD5	FCMD4	FCMD3	FCMD2	FCMD1	FCMD1
复位	0	0	0	0	0	0	0	0

D7～D0——对 Flash 进行访问的命令字节。

在 CW 开发平台中的 MC9S08AW60.h 文件中，关于 FCMD 有如下相关定义：

```
/*** FCMD - FLASH Command Register; 0x00001826 ***/
typedef union {
```

```
   byte Byte;
   struct {
      byte FCMD0        :1;        /* Flash 命令位 0 */
      byte FCMD1        :1;        /* Flash 命令位 1 */
      byte FCMD2        :1;        /* Flash 命令位 2 */
      byte FCMD3        :1;        /* Flash 命令位 3 */
      byte FCMD4        :1;        /* Flash 命令位 4 */
      byte FCMD5        :1;        /* Flash 命令位 5 */
      byte FCMD6        :1;        /* Flash 命令位 6 */
      byte FCMD7        :1;        /* Flash 命令位 7 */
   } Bits;
} FCMDSTR;
extern volatile FCMDSTR _FCMD @0x00001826;
#define FCMD                        _FCMD.Byte
#define FCMD_FCMD0                  _FCMD.Bits.FCMD0
#define FCMD_FCMD1                  _FCMD.Bits.FCMD1
#define FCMD_FCMD2                  _FCMD.Bits.FCMD2
#define FCMD_FCMD3                  _FCMD.Bits.FCMD3
#define FCMD_FCMD4                  _FCMD.Bits.FCMD4
#define FCMD_FCMD5                  _FCMD.Bits.FCMD5
#define FCMD_FCMD6                  _FCMD.Bits.FCMD6
#define FCMD_FCMD7                  _FCMD.Bits.FCMD7
```

因此在 CW 开发平台中，可用 FCMD 标识符按字访字节访问 Flash 命令寄存器，也可以用形如 FCMD_FCMDx (x 取 0~7)标识符按位访问。

表 14.9 列出了对 Flash 访问的命令字节。

表 14.9　对 Flash 访问的命令字节

命　　　令	命令字节
空白检测	$05
写一个字节	$20
写一个字节(批量模)	$25
页擦除	$40
整体擦除	$41

Flash 存储器的编程过程如下：

(1) 向 Flash 地址中写入一个数据。写入时地址和数据信息都被锁定到 Flash 接口中。对于空白检测和擦除命令，数据信息是一个任意值；对于页擦除命令，地址信息是擦除页(512 字节)地址中的任意一个地址；对于空白检测和整体擦除命令，地址信息是 Flash 中的任意一个地址。

(2) 向 Flash 命令寄存器 FCMD 中写入需要执行的命令。

(3) 执行命令。将 Flash 状态寄存器 FSTAT 的 FCBEF 位置 1，同时开始执行命令寄存器中的命令。

Flash 存储器操作分为单次操作和连续写入两类，两种执行流程的差别在于：连续写入中，每执行一次写入命令后，向 Flash 中加入的写入高电压并不撤销，这样就加快了数据写入速度；而对于单次操作，在命令执行的时候，加高电压，命令执行结束的时候立即撤销高电压。相关操作流程可参见芯片手册。

由于 AW60 内部的监控 ROM 中没有固化 Flash 编程子程序，要在运行中对 Flash 进行在线编程，用户程序必须包含对 Flash 的擦除及写入子程序。由于程序驻留 Flash 区，而在运行擦除及写入子程序时，整个 Flash 区会被加上高于普通工作电压的编程电压，致使对 Flash 区读取不稳定，从而可能导致程序不能正常执行。为了使擦除、写入程序正常执行，需将擦除、写入子程序移入 RAM 中并转入 RAM 区执行。为此，需在 RAM 区开辟一个缓冲区，供程序移入使用。相关文献给出了一种简便的方法，即将擦除写入操作程序代码生成的机器码以数值的形式存到 RAM 中，然后通过强制类型转换将其转换为函数，这样就可以调用该部分代码来执行 Flash 的在线擦除写入。具体代码在将软件设计中给出。

14.3   项目硬件设计

按照项目设计要求，本项目硬件主要是由 AW60 最小系统和 LED 数码管显示共同构成。LED 数码管显示系统采用项目 6 中的硬件设计，在此不再具体赘述。

14.4   项目软件设计

本项目软件由 MCU 模块、LED 数码显示模块、Flash 模块、主程序模块构成。MCU 模块和 LED 数码显示模块已多次提到，在此不再重复。

Flash 模块主要提供 Flash 操作初始化、页擦除、字节批量连续写入函数。

为了对比两类存储器的存储特性，一个直接的想法是先在 Flash 和 RAM 特定的存储单元中写入相同的数据，然后分别读出进行比较。在比较过程中，需要进行系统复位和断电后重启。因此写入只能在下载后执行一次，系统复位和断电重启后，写入操作不应该被执行，否则无法达到预期目标。不能先下载写入代码，再下载读出代码，因为写入器在写入代码前，会将所有 Flash 区域全部擦除为"0xFF"，所以第一次写入 Flash 的内容也被擦除掉。由于写入器的这种特性，即程序下载前，所有 Flash 区域全部擦除为"0xFF"，如果要写入的内容是除了"0xFF"以外的其他数据，那么就可以根据特定单元的内容是否为"0xFF"来判断该存储单元是否被写入过。读出的数据非"0xFF"，那么不再写入，反之就写入，这样就能达到预期的目的。同时 RAM 区域也可以根据这个条件进行一次写入，实际上 RAM 存储单元的内容只需要读出即可观察到其存储特性。

综合以上分析，主程序首先定义两个变量，并用"@"标识符指定变量所在位置，一个在 RAM 区域中，一个在 Flash 中。定义好要写入 Flash 中的内容后(非"0xFF")，调用 MCU 模块，LED 数码显示模块，Flash 模块中的初始化函数完成各个模块的初始化。先显示 RAM 区域中所定义的变量。延时后(方便记录 RAM 单元内容)，读出 Flash 指定单元的存储内容，如果是"0xFF"，则说明未曾写入过，执行写入数据操作，同时在数码管上显示出来。如果不是"0xFF"说明曾经写入过数据，则直接读出该数据，并在数码管上显示出来。

主程序流程图设计与 Flash 流程图见图 14-1。

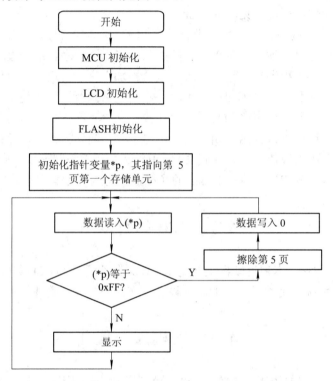

图 14-1　主程序流程图

1. Flash 模块代码

```
//--------------------------------------------------------------*
// 文件名: Flash.h                                              *
// 说   明: Flash 模块件头文件                                   *
//--------------------------------------------------------------*
#ifndef  FLASH_H           //防止重复定义
#define  FLASH_H
   #include <MC9S08AW60.h>
 /* 接口宏定义 */


 /* 函数声明 */
 //3  外用 Flash 函数声明
 //------------------------------------------------------------------*
 //函数名: FlashInit                                                 *
```

```
//功    能: 初始化 Flash 时钟分频、禁止保护                      *
//参    数: busclk: 总线频率(单位为 kHz)                        *
//返    回: 无                                                *
//说    明: (1)请注意入口参数 busclk(总线频率)的单位是 kHz      *
//           (2)AW60 主频取值:20MHz                           *
//-----------------------------------------------------------------*
         void flash_init(void);
//-----------------------------------------------------------*
//函数名: Flash_PageErase                                     *
 //功    能: Flash 页擦除                                      *
//参    数: pageNo:页号(从 5 开始)                            *
//返    回: 0 - 成功,1 - 失败                                  *
//说    明: 无                                                 *
//-----------------------------------------------------------*
unsigned char flash_page_erase(unsigned char page_no);


//-----------------------------------------------------------*
//函数名: Flash_ByteWrite                                     *
//功    能: Flash 字节写入                                     *
//参    数:        buff:源数据缓冲区地址                       *
//                 pageNo:要写入的 Flash 的页号                *
//            startSAddr:要写入的 Flash 页内地址               *
//                   len:写入字节数                           *
//返    回: 0 - 成功,1 - 失败                                  *
//说    明: Flash 写入时，未将页内其他位置数据进行保护，因为 RAM 一共 2KB，*
// 若进行了保护，则需要开辟 512B 的缓冲区，很容易出现内存溢出                *
//-----------------------------------------------------------*
unsigned char flash_byte_write(unsigned char *buff,unsigned int page_no,unsigned int addr,unsigned
int len);
#endif


//--------------------------------------------------*
// 文件名: flash.c 文件                          *
// 说    明: Flash 模块源程序文件                *
//--------------------------------------------------*
#include "flash.h"
#define Page_Erase         ((unsigned char(*)(unsigned int))(PGM))
//强制类型转换，将数值转换为带参函数
#define Program_Byte       ((unsigned char(*)(unsigned int, unsigned char))(PGM))
```

//强制类型转换，将数值转换为带参函数

//擦除或写入函数的操作代码指令对应的机器码

```c
volatile unsigned char PGM[57]   = {
0x87,0xc6,0x18,0x25,0xa5,0x10,0x27,0x08,0xc6,0x18,
0x25,0xaa,0x10,0xc7,0x18,0x25,0x9e,0xe6,0x01,0xf7,
0xa6,0x40,0xc7,0x18,0x26,0x45,0x18,0x25,0xf6,0xaa,
0x80,0xf7,0x9d,0x9d,0x9d,0x9d,0xc6,0x18,0x25,0xa5,
0x30,0x27,0x04,0xa6,0x01,0x8a,0x81,0xc6,0x18,0x25,
0xa5,0x40,0x27,0xf9,0x4f,0x8a,0x81
};
```

```c
//----------------------------------------------------------------*
//函数名: FlashInit                                               *
//功    能: 初始化 Flash 时钟分频、禁止保护                         *
//参    数: busclk: 总线频率(单位为 kHz)                           *
//返    回: 无                                                     *
//说    明: (1)请注意入口参数 busclk(总线频率)的单位是 kHz          *
//         (2)AW60 主频取值:20MHz                                  *
//----------------------------------------------------------------*
void flash_init(void)
{
    FCDIV_PRDIV8=1;
    FCDIV_DIV = 16;
}
```

```c
//----------------------------------------------------------*
//函数名: Flash_PageErase                                   *
//功    能: Flash 页擦除                                     *
//参    数: pageNo:页号(从 5 开始)                           *
//返    回: 0 - 成功,1 - 失败                                *
//说    明: 无                                               *
//----------------------------------------------------------*
unsigned char flash_page_erase(unsigned char page_no)
{
    unsigned int    pageAddr;
    unsigned char   rtnValue;
    pageAddr= page_no*512;              //根据页号计算页内地址
    PGM[21] = 0x40;                     //设置页擦除指令
```

```
        rtnValue = Page_Erase(pageAddr); //擦除 addr 所在的页
        return rtnValue;
    }


//----------------------------------------------------------------------------------------*
//函数名: Flash_ByteWrite                                                                 *
//功    能: Flash 字节写入                                                                 *
//参    数:          buff: 源数据缓冲区地址                                               *
//                   pageNo: 要写入的 Flash 的页号                                        *
//              startSAddr: 要写入的 Flash 页内地址                                       *
//                      len: 写入字节数                                                   *
//返    回: 0 - 成功,1 - 失败                                                             *
//说    明: (1) Flash 写入时, 未将页内其他位置数据进行保护, 因为 RAM 一共 2KB, *
//  若进行了保护, 则需要开辟 512B 的缓冲区 很容易出现内存溢出   *
//----------------------------------------------------------------------------------------*
unsigned char flash_byte_write(unsigned char *buff,unsigned int page_no,unsigned int addr,unsigned
int len)
    {
        unsigned int i;
        unsigned int flash_addr;
        unsigned char   rtnValue;
        //1.计算写入地址
        flash_addr = page_no*512 + addr;
        //2.逐个字节写入数据
        for(i=0; i<len; i++)
        {
            PGM[21]   = 0x20;      //字节编程指令
            rtnValue = Program_Byte(flash_addr+i,buff[i]);//执行写入操作
            if(rtnValue)
                return 1;
        }
        return 0;
    }
```

2. 主程序

本项目代码设计如下：

```
#include <hidef.h> /* 包含中断允许宏 */
#include "derivative.h" /* 包含外围设备声明 */
#include "show_num.h"
```

```
#include "flash.h"
#include "MCUinit.h"
unsigned char p    @0x1000;          //在 Flash 区域指定存储单元
unsigned char p1 @0x0400;            //在 RAM 区域指定存储单元
void main(void)
{
    unsigned char *buff="456";
    unsigned char flag_erase=10,flag_write=10;
    unsigned int i=0;
    DisableInterrupt() ; /* 禁止中断 */
    MCUInit();
    flash_init();
    for(;;)
    {
        while(i<1000)
        {
            i++;
            show_num(p1,5);
        }

        if (p==255)
        {
            //擦除 0x1000 单元所在页
            flag_erase=flash_page_erase(8);
            //从  0x1000 单元开始写入两个字节
            flag_write=flash_byte_write(buff,8,0,2);
        }
        //255 即为 0xFF，条件满足，则首次写入，不满足，写入过则不写
        show_num(p,5);
        //显示 FLASH 区域 0x1000 指定存储单元。
    } /* 永不退出 */

}
```

上述代码编辑调试无误后，通过下载器下载到系统中运行后，先显示存储在 RAM 中 0x0100 的值 135(每次运行结果不一定相同)，然后显示存储在 Flash 中的值(写入字符 "4" 的 ASCII 值 "52")。按下复位按钮后，RAM 中的值仍然为 135，Flash 中的值仍然为 "52"。系统断电后再次通电，按下复位按钮后，RAM 中的值仍然为 135，而 FLASH 中的值仍然为 "52"。

以上结果表明存储在 RAM 中的值虽然在复位能保存，但断电后无法保存，而在 Flash 中任何时候都能保存。

　　由程序运行结果来看，系统设计达到预期目标。

　　需要注意的是，向 Flash 中写入要保存的数据，所写入的地址不是任意的，要考虑到不能破坏已有的程序代码，相关内容可参见参考文献的 Flash 安全与保护相关内容，以及写入器设计等。

设 计 小 结

　　1. Flash 具有掉电不丢失数据的特点，能长期保存数据，在嵌入式系统中不仅用于保存程序，还保存重要历史数据。

　　2. AW60 Flash 写入程序是存储在 RAM 中，以便能够正确执行。

　　3. AW60 Flash 写入用户数据要特别小心，要避免对已有数据和程序造成影响，最好的办法是避开程序代码和参数存储位置。

习 题

　　1. 存储器主要包括哪些类型？各有什么特点？

　　2. AW60 的 Flash 存储器有几种编程模式，各有何特点？

　　3. "@"在定义变量时有何作用？

　　4. 列举出 CW 开发平台中的 MC9S08AW60.h 头文件中，有关 Flash 寄存器内容中所定义的标识符。

　　5. 尝试给出摩托车里程累加功能模块的程序设计。

附录A　常用ASCII表

ASCII 值	控制字符	ASCII 值	控制字符	ASCII 值	控制字符	ASCII 值	控制字符
0	NUT	32	(space)	64	@	96	、
1	SOH	33	!	65	A	97	a
2	STX	34	"	66	B	98	b
3	ETX	35	#	67	C	99	c
4	EOT	36	$	68	D	100	d
5	ENQ	37	%	69	E	101	e
6	ACK	38	&	70	F	102	f
7	BEL	39	,	71	G	103	g
8	BS	40	(	72	H	104	h
9	HT	41	)	73	I	105	i
10	LF	42	*	7	J	106	j
11	VT	43	+	75	K	107	k
12	FF	44	,	76	L	108	l
13	CR	45	-	77	M	109	m
14	SO	46	.	78	N	110	n
15	SI	47	/	79	O	111	o
16	DLE	48	0	80	P	112	p
17	DCI	49	1	81	Q	113	q
18	DC2	50	2	82	R	114	r
19	DC3	51	3	83	X	115	s
20	DC4	52	4	84	T	116	t
21	NAK	53	5	85	U	117	u
22	SYN	54	6	86	V	118	v
23	TB	55	7	87	W	119	w
24	CAN	56	8	88	X	120	x
25	EM	57	9	89	Y	121	y
26	SUB	58	:	90	Z	122	z
27	ESC	59	;	91	[	123	{
28	FS	60	<	92	\	124		
29	GS	61	=	93	]	125	}
30	RS	62	>	94	^	126	~
31	US	63	?	95	—	127	DEL

附录 B　AW60 其他模块简要介绍

1．串行外设接口与 MC9S08AW60 串行外设模块

串行外设接口(SPI，Serial Peripheral Interface)是 Freescale 公司推出的一种同步串行通信接口，它可以使微处理器与各种外围设备以串行方式进行通信以交换信息。这些外围设备包括 Flash、RAM、网络控制器、LCD 显示驱动器、A/D 转换器和实时时钟等。SPI 接口一般使用 4 条线：串行时钟线(SCK)、主机输入/从机输出数据线 MISO、主机输出/从机输入数据线 MOSI 和低电平有效的从机选择线 $\overline{SS}$ 。因此具有管脚少、PCB 的布局空间小、通信速率高的特点。

SPI 系统由一个 SPI 主机和一个或多个 SPI 从机构成。主机负责启动与从机的同步通信，并为通信提供通信时钟，在时钟控制下，SPI 主机和 SPI 从机内部的移位寄存器完成数据交换。提供 SPI 串行时钟的设备称为 SPI 主机或主设备(Master)，其他设备则称为 SPI 从机或从设备(Slave)。

从机选择线 $\overline{SS}$ 引脚也称为片选引脚。如果一个 SPI 系统为 SPI 主机，则该系统的 $\overline{SS}$ 引脚置为高电平。若一个 SPI 系统为 SPI 从机，该系统的 $\overline{SS}$ 引脚置低电平，表示被主机选中，反之则该从机未被选中。对于单主单从(One master and one slave)系统，可以采用图 B-1 的接法。在该系统中，由于主机和从机的角色是固定不变的，并且只有一个从机，因此，可以将主机的 $\overline{SS}$ 端接高电平，将从机的 $\overline{SS}$ 端固定接地。

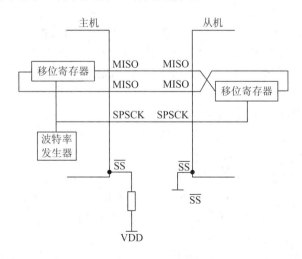

图 B-1　单主单从片选引脚电平设置

对于一个单主多从 SPI 系统，SPI 主机的 $\overline{SS}$ 接高电平，每一个 SPI 从机的 $\overline{SS}$ 由 SPI 主机控制其电平高低，以便 SPI 主机选中特定的 SPI 从机。具体连接可参见图 B-2。各个 SPI 从机的片选端 SS 分别独占 SPI 主机的一条通用 I/O 引脚，由 SPI 主机分时选通它们，以便

建立通信。可见 SPI 系统省去了系统在通信线路上发送地址码的麻烦，但是占用了单片机的引脚资源。串行时钟线(SCK)、主机输入/从机输出数据线 MISO、主机输出/从机输入数据线 MOSI 都是复用的，因此扩展相对简单。当口线数量不足时，还可以借助译码器来进行扩展，从而扩大 SPI 从机数量。

　　SPI 总线也可以配置成互为主从模式，但结构复杂，因此一般较少使用，具体可以查阅相关资料。

　　主机输出/从机输入数据线 MOSI(Master Out/Slave In)是主机输出、从机输入数据线。SPI 主机通过此引脚向 SPI 从机发送数据。而 SPI 从机接收来自 SPI 主机的发送过来的数据。

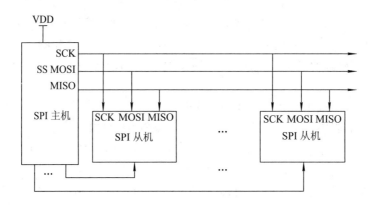

图 B-2　单主多从引脚连接

主机输入/从机输出数据线 MISO(Master In/Slave Out)是主机输入、从机输出数据线。SPI 主机通过此引脚接收来自 SPI 从机发送来的数据。而 SPI 从机通过此引脚向 SPI 主机的发送数据。

　　串行时钟线(SPI Serial Clock)用于控制主机与从机之间的数据传输。串行时钟信号由 SPI 主机产生，SPI 主机 SCK 引脚向 SPI 从机的 SCK 引脚输出时钟信号，控制整个数据的传输速度。在 SPI 主机启动一次字节数据传送，从 SCK 引脚输出 8 个时钟周期信号，SCK 信号的一个跳变进行一位数据移位传输。

　　描述串行时钟有两个重要的参数，即时钟极性和时钟相位。时钟极性表示时钟信号在空闲时是高电平还是低电平。时钟相位决定数据是在时钟信号的前沿采样还是在时钟信号的后沿进行采样，对应的是后沿输出和前沿输出。

　　64 引脚 QFP 封装的 AW60 有一个串行外设接口(SPI)模块。与 SPI 功能相关的四个引脚共享端口 PTE 的 4～7 引脚，即 17 脚—PTE4/ SS1、18 脚—PTE5/MISO1、19 脚—PTE6/MOSI1、20 脚—PTE7/SPSCK1。用做 SPI 功能时，分别对应从机选择线、主入从出线、主出从入线、串行时钟线。

　　AW60 中的 SPI 模块共有五个 8 位寄存器，分别是：两个控制寄存器、一个波特率寄存器、一个状态寄存器和一个数据寄存器。通过这些寄存器可以实现 AW60 的 SPI 模块主从模式、全双工或半双工、发送波特率、双缓冲发送和接收、串行时钟相位和极性、先传输最高位(MSB)或最低位(LSB)配置。

　　AW60 中的 SPI 模块深入地了解这些模块的用法和具体操作和使用可参见参考文献[3]

中的相关章节。

2. 集成电路互连总线 IIC 与 MC9S08AW60 AW60 的 IIC 模块

飞利浦(Philips)于 20 多年前发明了一种简单的双向二线制串行通信总线,这个总线被称为 Inter-IC 或者 I2C 总线。目前 I2C 总线已经成为业界嵌入式应用的标准解决方案,被广泛地应用在各类基于微控器的产品中,作为控制、诊断与电源管理总线。多个符合 I2C 总线标准的器件都可以通过同一条 I2C 总线进行通信,而不需要额外的地址译码器。由于 I2C 是一种两线式串行总线,占用的空间非常小,支持多主机(当然,在同一时刻只能有一个主机),因此它快速崛起成为业界标准的关键因素。

2C 总线只需要由两根信号线组成,一根是串行数据线 SDA,另一根是串行时钟线 SCL。一般具有 I2C 总线的器件其 SDA 和 SCL 引脚都是漏极开路(或集电极开路)输出结构,因此实际使用时,SDA 和 SCL 信号线都必须要加上拉电阻(Rp,Pull-Up Resistor),上拉电阻一般取值 3~10 kΩ。开漏结构的好处是:当总线空闲时,这两条信号线都保持高电平,几乎不消耗电流;电气兼容性好,上拉电阻接 5 V 电源就能与 5 V 逻辑器件接口,上拉电阻接 3 V 电源又能与 3 V 逻辑器件接口;因为是开漏结构,所以不同器件的 SDA 与 SDA 之间、SCL 与 SCL 之间可以直接相连,不需要额外的转换电路。其典型连接结构如图 B-3 所示。

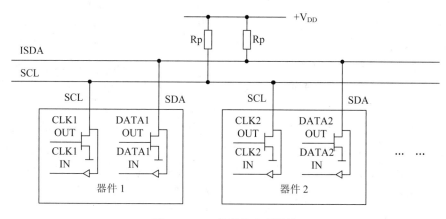

图 B-3 I2C 总线的典型连接

I2C 总线有两组相关的概念,一组是发送器(Transmitter)和接收器(Receiver),发送器是发送数据到总线的器件,接收器从总线接收数据的器件。另外一组是主机(Mater)和从机(Slave),主机(Mater)是初始化发送、产生时钟信号和终止发送的器件,而从机(Slave)是被主机寻址的器件。I2C 总线是双向传输的总线,因此主机和从机都可能成为发送器和接收器。如果主机向从机发送数据,则主机是发送器,而从机是接收器;如果主机从从机读取数据,则主机是接收器,而从机是发送器。

I2C 总线的通信速率受主机控制,能快能慢。但是最高速率是有限制的,I2C 总线上数据的传输速率在标准模式(Standard-mode)下最快可达 100 kb/s。

数据线 SDA 的电平状态必须在时钟线 SCL 处于高电平期间保持稳定不变。SDA 的电平状态只有在 SCL 处于低电平期间才允许改变,但是在 I2C 总线的起始和结束时例外。某些其他的串行总线协议可能规定数据在时钟信号的边沿(上升沿或下降沿)有效,而 I2C 总线则是电平有效。当 SCL 处于高电平期间时，SDA 从高电平向低电平跳变时产生起始条件，总线在起始条件产生后便处于忙的状态，起始条件常常简记为 S。当 SCL 处于高电平期间时，SDA 从低电平向高电平跳变时产生停止条件，总线在停止条件产生后处于空闲状态，停止条件简记为 P。

I2C 总线不需要额外的地址译码器和片选信号。多个具有 I2C 总线接口的器件都可以连接到同一条 I2C 总线上，它们之间通过器件地址来区分。主机是主控器件，它不需要器件地址，其他器件都属于从机，要有器件地址。必须保证同一条 I2C 总线上所有从机的地址都是唯一确定的，不能有重复，否则 I2C 总线将不能正常工作。一般从机地址由 7 位地址位和一位读写标志(R/W)组成，7 位地址占据高 7 位，读写位在最后。读写位是 0，表示主机将要向从机写入数据；读写位是 1，则表示主机将要从从机读取数据。

I2C 总线以字节为单位收发数据。传输到 SDA 线上的每个字节必须为 8 位。每次传输的字节数量不受限制。首先传输的是数据的最高位(MSB，第 7 位)，最后传输的是最低位(LSB，第 0 位)。

在 I2C 总线传输数据过程中，每传输一个字节，都要跟一个应答状态位。接收器接收数据的情况可以通过应答位来告知发送器。应答位的时钟脉冲仍由主机产生，而应答位的数据状态则遵循"谁接收谁产生"的原则，即总是由接收器产生应答位。主机向从机发送数据时，应答位由从机产生；主机从从机接收数据时，应答位由主机产生。I2C 总线标准规定：应答位为 0 表示接收器应答(ACK)，常常简记为 A；为 1 则表示非应答(NACK)，常常简记为 A。发送器发送完 LSB 之后，应当释放 SDA 线(拉高 SDA，输出晶体管截止)，以等待接收器产生应答位。如果接收器在接收完最后一个字节的数据，或者不能再接收更多的数据时，应当产生非应答来通知发送器。发送器如果发现接收器产生了非应答状态，则应当终止发送。

主机与从机进行通信时，有时需要切换数据的收发方向。在切换数据的传输方向时，可以不必先产生停止条件再开始下次传输，而是直接再一次产生开始条件。I2C 总线在已经处于忙的状态下，再一次直接产生起始条件的情况被称为重复起始条件，重复起始条件常常简记为 Sr。正常的起始条件和重复起始条件在物理波形上并没有什么不同，区别仅仅是在逻辑方面。在进行多字节数据传输过程中，只要数据的收发方向发生了切换，就要用到重复起始条件。

带有 I2C 总线的器件除了有从机地址(Slave Address)外，还可能有子地址(Sub-Address)。从机地址是指该器件在 I2C 总线上被主机寻址的地址，而子地址是指该器件内部不同部件或存储单元的编址。例如，带 I2C 总线接口的 E2PROM 就是拥有子地址器件的典型代表。另外一些器件(只占少数)内部结构比较简单，可能没有子地址，只有必需的从机地址。与从机地址一样，子地址实际上也是像普通数据那样进行传输的，传输格式仍然是与数据相统一的，区分传输的到底是地址还是数据要靠收发双方具体的逻辑约定。子地址的长度必须由整数个字节组成，可能是单字节(8 位子地址)，也可能是双字节(16 位子地址)，还可能是 3 字节以上，这要看具体器件的规定。

AW60 芯片具有 1 个 I2C 模块接口，I2C 总线以物理方式连接 2 条激活线和 1 条地线。激活线(称为 SDA 和 SCL)是双向的，SDA 是串行数据线，SCL 是串行时钟线。为了不影响 I2C 的灵活性，所有连接到这 2 条信号线的设备必须是漏极开路或集成电路开路输出，这些输出需带有外接上拉电阻。

AW60 芯片的 I2C 模块具有以下特点：

(1) 兼容 I2C 总线标准。

(2) 允许多主机模式。

(3) 可软件编程选择 64 个串行时钟频率。

(4) 软件编程实现 ACK 信号。

(5) 字节与字节数据传输之间的中断方式。

(6) 仲裁丢失中断的同时，自动从主机模式切换到从机模式。

(7) 具有从地址识别中断。

(8) 开始信号和停止信号的产生和检测。

(9) 重复产生开始信号。

(10) ACK 信号的产生和检测。

(11) 总线繁忙检测。

AW60 的 I2C 模块提供了 I2C 地址寄存器、I2C 分频寄存器、I2C 控制寄存器、I2C 状态寄存器、I2C 数据 I/O 寄存器共 5 个寄存器，深入地了解这些模块的用法和具体操作和使用用可参见参考文献[3]中的相关章节。

AW60 内部还有工作模式、内部时钟系统、复位、看门狗及其他中断等功能或模块具体操作和使用可参见参考文献 3 中的相关章节。

附录 C　S08 的 C 语言函数库

CodeWarrior 提供了一些 C 语言的库函数，这些函数和标准 C 的用法一致，这些库文件在 "…\Freescale\CodeWarrior for Microcontrollers V6.2\lib\hc08c\include" 目录下。下面列出了部分常用函数，使用时在模块中包含这些函数的头文件，即可在模块中调用。

1. <ctype.h>

<ctype.h>主要提供两类重要的函数：字符测试函数和字符大小转化函数。提供的函数中都以 int 类型为参数，并返回一个 int 类型的值。实参类型应该隐式转换或者显示转换为 int 类型。

主要函数有：

int isalnum(int c);　判断是否是字母或数字

　　int isalpha(int c);　判断是否是字母

　　int iscntrl(int c);　判断是否是控制字符

　　int isdigit(int c);　判断是否是数字

　　int isgraph(int c);　判断是否是可显示字符

　　int islower(int c);　判断是否是小写字母

　　int isupper(int c);　判断是否是大写字母

　　int isprint(int c);　判断是否是可显示字符

　　int ispunct(int c);　判断是否是标点字符

　　int isspace(int c);　判断是否是空白字符

　　int isxdigit(int c);　判断字符是否为 16 进制

　　int tolower(int c);　转换为小写字母

　　int toupper(int c);　转换为大写字母

2. <math.h>

<math.h> 是 C 语言中的数学函数库。主要函数有：

三角函数

double sin(double x);　正弦

double cos(double x);　余弦

double tan(double x);　正切

反三角函数

double asin(double x);结果介于[-PI/2, PI/2]

double acos(double x);　结果介于[0, PI]

double atan(double x);　反正切(主值), 结果介于[-PI/2, PI/2]

double atan2(double y,double);　反正切(整圆值), 结果介于[-PI, PI]

双曲三角函数

double sinh(double x); 计算双曲正弦

double cosh(double x); 计算双曲余弦

double tanh(double x); 计算双曲正切

指数与对数

double exp(double x); 求取自然数 e 的幂

double sqrt(double x); 开平方

double log(double x); 以 e 为底的对数

double log10(double x); 以 10 为底的对数

double pow(double x, double y);

计算以 x 为底数的 y 次幂

float powf(float x, float y); 与 pow 一致，输入与输出皆为浮点数

取整

double ceil(double); 取上整

double floor(double); 取下整

标准化浮点数

double frexp(double f, int *p); 标准化浮点数, $f = x * 2^p$, 已知 f 求 x, p (x 介于[0.5, 1])

double ldexp(double x, int p); 与 frexp 相反, 已知 x, p 求 f

取整与取余

double modf(double, double*); 将参数的整数部分通过指针回传, 返回小数部分

double fmod(double, double); 返回两参数相除的余数

3. <stdio.h>头文件定义了用于输入和输出的函数。主要函数有：

fgetpos(); 移动文件流的读写位置

fopen();打开文件

fread(); 从文件流读取数据

freopen(); 打开文件

fseek(); 移动文件流的读写位置

fsetpos();定位流上的文件指针

ftell(); 取得文件流的读取位置

fwrite(); 将数据写至文件流

remove(); 删除文件

rename(); 更改文件名称或位置

rewind(); 重设读取目录的位置为开头位置

setbuf(); 把缓冲区与流相联

setvbuf(); 把缓冲区与流相关

tmpfile(); 以 wb+形式创建一个临时二进制文件

tmpnam(); 产生一个唯一的文件名

fprintf(); 格式化输出数据至文件

fscanf(); 格式化字符串输入

printf(); 格式化输出数据

scanf(); 格式输入函数

sprintf(); 格式化字符串复制

sscanf(); 格式化字符串输入

vfprintf(); 格式化输出数据至文件

vprintf(); 格式化输出数据

vsprintf(); 格式化字符串复制

fgetc(); 由文件中读取一个字符

fgets(); 文件中读取一字符串

fputc(); 将一指定字符写入文件流中

fputs(); 将一指定的字符串写入文件内

getc(); 由文件中读取一个字符

getchar(); 由标准输入设备内读进一字符

gets(); 由标准输入设备内读进一字符串

putc(); 将一指定字符写入文件中

putchar(); 将指定的字符写到标准输出设备

puts(); 送一字符串到流 stdout 中

ungetc();　　将指定字符写回文件流中

perror(); 打印出错误原因信息字符串

4. <stdlib.h>

<stdlib.h> 头文件里包含了 C 语言的中最常用的系统函数，主要函数有：

字符串函数

atof(); 将字符串转换成浮点型数

atoi(); 将字符串转换成整型数

atol(); 将字符串转换成长整型数

strtod(); 将字符串转换成浮点数

strtol(); 将字符串转换成长整型数

strtoul(); 将字符串转换成无符号长整型数

内存控制函数

calloc(); 配置内存空间

free(); 释放原先配置的内存

malloc(); 配置内存空间

realloc(); 重新分配主存

搜索和排序函数

bsearch(); 二元搜索

qsort(); 利用快速排序法排列数组

数学函数

abs(); 计算整型数的绝对值

div(); 将两个整数相除, 返回商和余数

labs(); 取长整型绝对值

ldiv();两个长整型数相除, 返回商和余数

rand(); 随机数发生器

srand(); 设置随机数种子

多字节函数

mblen(); 根据 locale 的设置确定字符的字节数

mbstowcs(); 把多字节字符串转换为宽字符串

mbtowc(); 把多字节字符转换为宽字符

wcstombs(); 把宽字符串转换为多字节字符串

wctomb(); 把宽字符转换为多字节字符

5. <string.h>

<string.h>头文件里包含了 C 语言的最常用的字符串操作函数。主要函数有:

memchr();在某一内存范围中查找一特定字符

memcmp(); 比较内存内容

memcpy(); 拷贝内存内容

memmove(); 拷贝内存内容

memset(); 将一段内存空间填入某值

strcat(); 连接两字符串

strncat(); 连接两字符串

strchr(); 查找字符串中第一个出现的指定字符

strcmp(); 比较字符串

strncmp();比较 2 个字符串的前 N 个字符

strcoll(); 采用目前区域的字符排列比较字符串

strcpy(); 拷贝字符串

strncpy(); 拷贝字符串

strcspn(); 返回字符连续不含指定字符的字符数

strerror(); 返回错误原因的描述字符串

strlen(); 计算字符串长度

strpbrk(); 查找字符串中第一个出现的指定字符

strrchr(); 查找字符串中最后出现的指定字符

strspn();返回字符串连续不含指定字符的字符数

strstr(); 在一字符串中查找指定的字符串

strtok(); 分割字符串

strxfrm(); 转换字符串

参 考 文 献

[1] Motorola (Freescale). HCS08 Family Reference Manual，Rev.1，2003.

[2] Freescale. MC9S08AW60 Data Sheet ，Rev.2，2006.

[3] 王宜怀，张书奎，王林，等. 嵌入式技术基础与实践. 2 版. 北京：清华大学出版社，2011.

[4] 凌明. 嵌入式系统高级 C 语言编程. 北京：北京航空航天大学出版社，2011.

[5] 王宜怀，陈建明，蒋银珍. 基于 32 位 ColdFire 构建嵌入式系统. 北京：电子工业出版社，2009.

[6] Randal E.Bryant，David R.O'Hallaron. 龚奕利，雷迎春，译. 北京：机械工业出版社，2011.

[7] Freescale. Temperature Sensor for the HCS08 Microcontroller Family. Document Number: AN3031 Rev. 1, 2010.

[8] Bryant R E. 深入理解计算机系统. 北京：电子工业出版社，2006.

[9] CodeWarrior ™ Development Studio 8/16-Bit IDE - User's Guide (REV 5.0)，2009